나를 위한 관리의 시작
셀프 경락

나를 위한 관리의 시작 **셀프 경락**

—

2025년 1월 15일 개정판 1쇄 인쇄
2025년 1월 20일 개정판 1쇄 발행

—

지은이 정지은
펴낸이 이상훈
펴낸곳 책밥
주소 11901 경기도 구리시 갈매중앙로 190 휴밸나인 A-6001호
전화 번호 031-529-6707
팩스 번호 031-571-6702
홈페이지 www.bookisbab.co.kr
등록 2007.1.31. 제313-2007-126호

—

디자인 디자인허브

—

ISBN 979-11-93049-59-4(13590)
정가 18,000원

책밥은 (주)오렌지페이퍼의 출판 브랜드입니다.

처진 피부와 깊은 주름
비대칭과 이중턱이 고민이라면

정지은 지음

나를 위한 관리의 시작
셀프 경락

책밥

셀프 경락 마사지를 선택한 이유

2019년 4월경, 중국 상해의 한 미용 학원에서 피부 관리 강의를 시작했습니다. 학원의 홍보를 위해 수업을 하는 제 모습은 종일 영상으로 촬영되었고, 난생처음 외모를 객관적으로 관찰할 수 있었어요. 홍보 영상을 마주하던 날을 아직도 잊지 못합니다. 영상 속 제 표정은 뚱하거나 무기력해 보였고, 때로는 화난 것 같았습니다. 얼굴과 눈은 퉁퉁 부어 있고 미간은 계속 찌푸린 상태에 눈썹은 비대칭, 광대와 입꼬리는 축 처져 있었죠. 목은 굵고 턱선은 모호하며, 고개를 옆으로 기울일 때마다 이중턱이 접히더군요. 곰곰이 생각해 보니 인상이 이렇게 자리 잡힌 이유는 오랫동안 이어진 안 좋은 생활 습관 때문이었답니다.

현재 어느 정도는 고쳤지만 20대 초반부터 오랫동안 새벽에 잠드는 습관을 갖고 있었습니다. 절대적인 수면량이 부족하니 낮엔 커피를 달고 살았죠. 또 운동은 거의 하지 않으면서 먹는 것을 좋아해 30대 이후부터는 매년 몸무게가 꾸준히 증가했고요. 야식을 즐기는 습관 때문에 아침밥은 거르는 편이었답니다. 기름진 음식과 술도 즐겼고요. 이러한 생활 패턴을 15년 이상 유지해왔으니 얼굴과 몸에 삶이 드러나는 것은 당연한 일이었을 테죠.

홍보 영상을 보고 처음으로 인상을 가꾸고 싶다는 의지가 생겼습니다. 미용 학원 강사의 이미지가 좋지 않으면 학생들이 어떻게 신뢰를 갖고 학원을 찾을 수 있을까 싶었거든요. 성형과 시술을 하지 않는 선에서 균형 있는 얼굴형과 좋은 인상을 만들기로 다짐했습니다. 그래서 셀프 경락 마사지를 선택했어요. 과거 수많은 고객의 사례를 되짚어 보며 내 인상도 스스로 바꿀 수 있다는 확신이 들었기 때문이죠. 그때부터 지금까지 셀프 마사지를 꾸준히 하고 있으며, 2년 전보다 인상이 자연스럽게 나아지고 있음을 느낍니다. 아직도 운동 부족과 좋지 않은 식습관을 완전히 떨쳐내진 못했지만 체중이 증가해도 예전처럼 얼굴이 퉁퉁 붓거나 처지는 현상은 극히 줄어들었습니다. 아무리 바빠도 3일에 한 번씩 2년 동안 셀프 마사지를 하고 있기 때문에 가능한 일이라고 생각합니다.

처음부터 전문가에게 받는 마사지와 셀프 마사지를 비교하기는 어려울 것입니다. 하지만 3개월 이상 꾸준히 지속한다면 그 이후부터는 전문가의 손길이 부럽지 않은 경지에 이를 것이라 확신합니다. 자신의 얼굴 형태와 생활 패턴은 스스로가 가장 잘 알고 있으니까요. 예를 들어 오른쪽 눈이 왼쪽보다 약간 더 처진 게 분명한데 남이 볼 때는 별 차이가 없다고 느끼는 것처럼 우리 얼굴은 스스로가 가장 잘 인지하고 있습니다. 전문가는 어쩌다 한 번 우리의 얼굴을 만질 테지만, 우리는 1~3일에 한 번씩 스스로의 얼굴을 만지고, 다듬고, 변화를 관찰하게 되니 마사지의 효과가 더 잘 드러날 거예요. 몸 구석구석 가려운 곳은 자신이 가장 잘 찾아내어 긁을 수 있듯 얼굴에 숨겨진 고민도 직접 보완하면 시원하게 해결할 수 있을 것입니다.

셀프 경락 마사지를 유튜브 콘텐츠로,
그리고 책으로!

코로나 대유행 이후 다양한 매체에서 셀프케어의 한 분야인 셀프 마사지 콘텐츠가 많아졌고 도대체 어떤 영상을 보고 따라 해야 할지 변별력 또한 낮아졌습니다. 저는 피부 미용 강사로서 알고 있는 정보들을 기반으로 셀프 마사지를 시작했지만 마사지를 처음 접하는 분들은 막막할 것 같았어요. '마사지는 전혀 어렵지 않다. 누구나 자신의 얼굴만큼은 혼자서 마사지할 수 있다.'는 메시지를 전하고 싶어 2020년 1월, 유튜브 채널 운영을 시작했습니다. 꾸준히 셀프 마사지를 하면서 느낀 생생한 효과를 더 많은 사람과 공유하고 싶은 마음도 컸습니다.

유튜브에 올리는 영상은 많은 분들이 고민하고 있는 콤플렉스를 핵심 주제로 제작하고 있습니다. 사각턱, 튀어나온 광대, 목주름, 이마 주름, 안면 비대칭, 이중턱 등 누구나 하나쯤 갖고 있는 고민을 보완할 수 있는 마사지를 소개하고 있어요. 그동안 축적해온 정보들을 바탕으로 이론적인 부분도 탄탄하게 설명하려고 노력하고 있답니다. 유튜브를 운영하다 보니 분산되어 있는 정보들을 조금 더 보기 좋게 정리해 전달하고 싶어 이렇게 책을 출간하게 되었습니다. 처음엔 책에 실린 QR코드를 통해 유튜브 영상으로 마사지 과정을 한 번 익힌 후 그다음부터는 책을 펼쳐 놓고 따라 해보세요. 계속 영상만 보고 하거나, 처음부터 책만 보고 하는 것보다 정확히 익히고 습관화하기 편할 거예요. 다이어리처럼 늘 곁에 두고 매일 펴보는 책이 되길 바랍니다.

◉CC) 괄사마사지 그렇게 하면 안됩니다. 부작용 없고 효과적인 괄사 사...

조회수 5.1만회 • 1년 전

◉CC) 5분만 따라하면 변화가 보여요☺ 셀프경락, 정해진 순서와 방...

조회수 10만회 • 2년 전

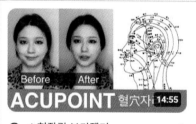

◉cc) 혈자리 붓기제거, ACUPRESSURE FOR A SWOLLEN...

조회수 30만회 • 4년 전

ENG) HOW TO FIX FACIAL ASYMMETRY 안면 비대칭 교정법

조회수 13만회 • 4년 전

ENG) LIFTING MIDDLE PART OF FACE, 중안부 리프팅, 쉽고 효과적...

조회수 68만회 • 4년 전

◉CC) 얼굴과 데콜테의 쓰레기통(독소)을 비우자! RELEASE TOXINS,...

조회수 16만회 • 4년 전

CONTENTS

3 고민별 셀프 경락 마사지

셀프 경락 마사지,
이론을 알면 효과가 두 배

마사지는 피부, 근육, 지방을 동시에 자극해야 효과가 있습니다. 이번 장에서는 이 3가지에 대한 이론을 알려드릴 거예요. 차근차근 공부하며 마사지의 필요성과 효과를 극대화하는 방법을 터득해 보세요. 마사지를 하는데 이론까지 알아야 되나 의문이 들 수도 있지만 우리가 매일 만지고 관리하는 피부에 대해 한 번쯤 깊게 알아두는 건 살아가는데 분명 도움이 될 거예요.

01

피부, 근육, 지방에 대한 이해

① 표피

피부의 구조 및
표피의 역할

피부는 맨 위에서부터 표피, 진피, 피하지방 이렇게 3개의 층으로 나뉩니다. 먼저, 표피에 대해 알아볼게요. 얼굴의 표피는 0.2mm 미만으로 아주 얇지만 무려 4개의 층으로 이루어져 있습니다. 가장 아래에서부터 기저층, 유극층, 과립층, 투명층, 각질층 이렇게 5개의 층으로 나뉘는데, 그중 투명층은 손바닥과 발바닥에만 존재하므로 얼굴에는 투명층을 제외한 총 4개의 층이 있습니다. 표피는 세균이나 자외선으로부터 우리 몸을 1차적으로 방어하는 중요한 역할을 합니다. 표피가 없다면 진피가 그대로 드러나면서 세균의 무차별 공격을 받게 되겠죠. 그럼 몸속 장기까지 공격받는 것은 순식간이에요. 때문에 표피는 견고한 피부 장벽을 만들기 위해 열심히 일을 합니다.

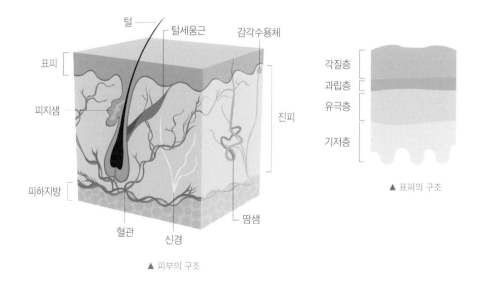

▲ 피부의 구조

▲ 표피의 구조

피부의 재생 주기

표피 맨 아래의 기저층에서는 세포 분열에 의해 새로운 세포가 꾸준히 생성됩니다. 새싹이 위로 올라오듯 갓 태어난 세포는 위로 밀려 올라오면서 케라틴이라는 피부 단백질을 합성해요. 그리고 케라틴은 점점 더 성숙해지면서 각질층에 쌓이게 됩니다. 겹겹이 쌓인 케라틴 사이사이를 지질이 메우면서 더욱 견고해져요. 케라틴은 벽돌 같은 역할을, 지질은 시멘트 같은 역할을 해 단단한 장벽을 만드는 것입니다. 건강한 각질은 약 15~20층 내로 쌓이는데, 장벽이 너무 얇다면 세균이 침입하기 쉬워 피부가 민감해지거나 염증이 생길 수 있고, 너무 두껍다면 피부가 푸석푸석하며 칙칙해 보입니다. 각질은 장벽의 역할을 하다가 시간이 지나면 저절로 떨어져 나가며 표피는 이렇게 일정한 주기로 세포를 올려 보내 각질을 쌓는 일을 반복합니다. 장벽이 얇아질 만한 때를 대비해 미리 벽돌을 위로 올려 보내 우리 몸을 보호하는 것이랍니다.

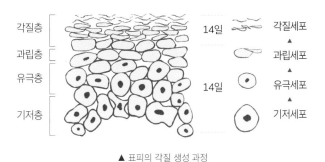

▲ 표피의 각질 생성 과정

기저층에서 유극층으로 올라온 세포가 케라틴을 합성하며 과립층까지 올라오는 기간이 14일, 과립층에서 성숙한 각질로 머물렀다가 떨어지는 기간이 또 14일이 걸려요. 모두 합치면 총 28일이며, 이를 두고 우리는 각화 현상, 턴오버 주기, 또는 피부 재생 주기라고 부릅니다. 표피가 28일 동안 공들여 만든 피부 장벽 각질층의 두께는 표피의 약 1/10 정도밖에 되지 않습니다. 이렇게나 얇은 각질이 우리 몸의 1차 방어 기능을 해준다니 참 기특할 따름이죠.

점점 나이가 들면 피부 노화에 따라 이 턴오버 주기도 같이 길어지는데, 피부 영양 상태가 좋지 않으면 이 주기는 더욱 길어집니다. 세포의 생성과 죽음을 반복하는 재생 주기가 길어지니 표피의 세대교체가 이루어지지 않아 피부가 칙칙하고 거칠게 보이곤 합니다. 주기적인 각질 제거나 필링(박피) 시술 등으로 턴오버 주기가 20대 초반의 피부처럼 28일로 정상화되도록 유도하기도 합니다. 일정한 주기로 죽은 각질을 부드럽게 벗겨내면 기저층에서 피부 장벽이 얇아진 것을 인지하고, 세포를 분열시켜 새로운 세포를 위로 올려 보내는 원리에 기반한 방법입니다. 하지만 각질만 벗겨낸다고 기저층의 세포가 기계처럼 일을 해주는 건 아니에요. 세포가 노화하고 영양이 부족한 상태라면, 애꿎은 각질층만 얇아질 뿐입니다. 결국 표피의 뿌리 격인 진피가 건강할 때 표피도 제 기능을 다할 수 있습니다. 잇몸이 튼튼해야 치아가 건강하게 유지될 수 있는 것처럼요. 표피의 기저층 밑에는 진피의 상층인 유두층이 이어지는데 표피에는 혈관이 없기 때문에 유두층의 모세혈관으로부터 대사에 필요한 산소와 영양소를 공급받습니다. 영양이 충족되면 기저층은 건강한 각질 형성 세포를 생성한 후 위로 올려 보내 각질을 쌓아갑니다. 때문에 표피의 건강 상태는 진피층에 달려 있다고 해도 과언이 아닌 것이죠.

② 진피

**진피의 구조와
구성 물질**

표피 아래의 진피(眞皮)는 진짜 피부라는 뜻을 갖고 있어요. 진피의 두께는 표피의 약 10배 이상이며, 상층에는 표피의 기저층과 맞닿아 있는 유두층, 그 밑에는 연결 조직이 풍부한 망상층이 존재합니다. 진피에는 피부를 견고하게 지탱하는 교원섬유(콜라겐)와 피부 탄력에 중점적으로 관여하는 탄력섬유(엘라스틴)가 풍부하며 혈관계, 신경계, 림프계, 피지선, 한선(땀샘), 감각선,

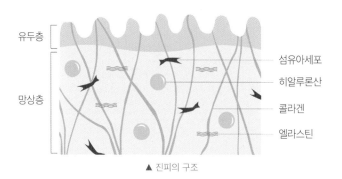

▲ 진피의 구조

입모근(교감신경의 지배를 받아 피부에 소름을 돋게 하는 근육)이 빽빽하게 얽혀있어요. 유두층에는 모세혈관망이 집중되어 있으며 작은 콜라겐 다발이 얽혀있고, 그 밑의 망상층에는 콜라겐과 엘라스틴이 진피를 지지하는 형태로 밀집되어 있습니다. 참고로 진피 구성 물질의 대부분은 '섬유아세포'가 생산합니다. 콜라겐과 엘라스틴 같은 단백질 섬유질은 물론 그 밖의 공백을 채우는 히알루론산, 무코다당류, 이외에도 여러 가지 효소들이 섬유아세포에 의해 형성돼요. 이 밖에도 진피에는 면역 작용을 하는 세포인 비만세포와 백혈구, 림프구, 대식세포 등이 존재합니다. 대략 '진피에는 이런 다양한 물질이 있고, 그만큼 다양한 역할을 하겠구나' 정도만 알아두세요.

진피 건강에 영향을 주는 요인

진피의 상층인 유두층의 유두(乳頭)는 젖꼭지와 같은 뜻이에요. 엄마가 모유 수유를 통해 아이에게 영양소를 전달하는 것처럼 유두층은 모세혈관을 통해 진피 세포뿐만 아니라 표피 기저층의 각질 형성 세포에게도 영양분을 공급해요. 유두층에 분포되어 있는 모세혈관은 피부 건강과 밀접한 관계가 있습니다. 혈관벽에 미세한 구멍이 많은데, 이 구멍을 통해 혈액 내의 영양소와 산소가 혈관 밖으로 이동하게 됩니다. 진피층에 있는 세포에 영양을 공급하는 역할을 하는 것이죠. 영양분과 산소를 꾸준히 공급받는 세포가 많을수록 피부는 투명하게 빛나고 탄력이 넘칩니다. 때문에 맑고 영양가 있는 혈액을 공급하려면 각종 혈관 질환을 야기하는 술과 담배를 멀리하고, 항산화 효과가 있는 과일 및 채소와 함께 물을 충분히 섭취해야 해요. 진피에는 모세혈관뿐만 아니라 림프관도 존재합니다. 피부 조직 사이사이의 노폐물이 림프관으로 유입되면 림프액이 노폐물을 림프절로 운반해 처리합니다. 따라서 림프절에서 노폐물이 잘 처리되도록 림프 순환을 촉진시켜야 진피가 건강하답니다.

생명체가 존재하려면 산소와 수분이 필수적이듯 피부 세포도 수분을 많이 머금고 있어야 건강하게 유지될 수 있어요. 수분이 부족하면 세포가 쪼그라들며 제 기능을 잃어 피부가 얇아지고 거칠어진답니다. 즉, 진피에 존재하는 수분(혈액, 림프액, 세포간액, 히알루론산 등)들이 잘 유지될 수 있도록 관리를 해주는 것도 피부 건강에 있어 중요합니다.

**마사지를 통해 피부에
자극을 주는 이유**

앞서 말했듯이 표피가 건강하려면 진피부터 건강해야 합니다. 큰돈 들이지 않고 진피 건강에 도움을 주는 방법이 2가지가 있는데, 첫째는 물 많이 마시기, 둘째는 바로 셀프 마사지예요. 물을 많이 마셔 진피에 수분 공급을 해줘야 하는 건 익히 알고 있을테니 두 번째 마사지에 대해 이야기해 볼게요.

피부 미용 관리는 1단계 청결, 2단계 자극, 3단계 보호 이렇게 총 3단계로 이루어집니다. 마사지는 이 중 두 번째 자극의 단계에 속합니다. 진피에는 수많은 조직이 얽혀 있다고 했습니다. 피부를 자극하지 않고 오랫동안 방치하면, 진피 조직들이 서로 유착되어 피부가 딱딱하고 얇아지며 탄력마저 저하돼요. 마사지를 해 적당한 자극을 가해주면 혈관과 림프관, 세포 간액이 풍부한 진피가 요동칩니다. 체액이 몰리면서 진피의 세포들은 수분과 산소, 영양분을 흡수하며 성장하고, 노폐물은 림프관으로 유입되어 체외로 배출됩니다. 덕분에 피부는 맑고 탄력 있어지죠. 이렇게 마사지는 얼굴형과 인상을 아름답게 가꾸어줄 뿐만 아니라 피부 속까지 건강하게 만드는 역할을 톡톡히 해줍니다.

③ 피하지방

피하지방의 역할

얼굴에 색소침착 흔적과 주름이 적을 때 피부가 좋아 보이기도 하지만, 빵빵하게 볼륨감이 차올랐을 때 피부가 좋아 보이기도 합니다. 얼굴의 볼륨감을 결정짓는 요소가 바로 피하지방이며 이는 성별과 연령대, 신체 부위별로 그 두께가 다릅니다. 피하지방층은 진피와 근막 사이를 결합시키는 조직으로

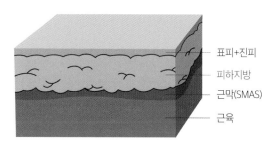

표피+진피
피하지방
근막(SMAS)
근육

▲ 피하지방층의 위치

대부분이 지방 세포로 이루어져 있어요. 지방은 미용적인 기능 외에 체온을 유지하고 외부의 충격을 흡수하여 우리 몸을 보호하기도 하며 영양소를 저장하는 역할도 합니다. 여성의 엉덩이와 허벅지에 지방이 많은 이유는 임신 중 태아에게 영양소를 제공하기 위한 것이라는 이야기가 있을 만큼 피하지방은 영양소의 저장고라고 할 수 있습니다.

④ 근막

근막의 역할

앞서 피부를 구성하는 3개의 층에 대해 알아보았습니다. 마사지를 하면 보통 표피, 진피, 피하지방까지 한 번에 자극이 전달되는데, 피하지방 밑의 근막과 근육까지 동시에 자극하면 효과가 더욱 좋습니다. 근막은 피부 아래의 두꺼운 근육을 감싸는 역할을 하며 흔히 SMAS(Superficial Musculo-Aponeurotic System ; 표재 근건막계통, 스마스)층이라고 불리기도 합니다. 피부 리프팅의 대표적인 장비인 울쎄라의 타깃층이 바로 이 근막층입니다. 울쎄라는 초음파로 근막층에 열 응고점을 만들어 그 위의 피하지방과 진피까지 열을 전달해 콜라겐을 재생하는 원리로 피부를 관리하는 장비입니다. 콜라겐이 재생되면 늘어진 피부를 지탱하는 힘이 쫀쫀해지기 때문에 피부가 탱탱해 보이는 거죠.

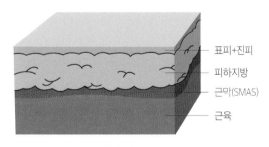

표피+진피
피하지방
근막(SMAS)
근육

▲ 근막층의 위치

피부 미용 관리 시 '리프팅 마사지'를 '근막(강화) 마사지'라고 하는 경우가 많습니다. 손이나 도구로 근막층을 자극하고, 그 위의 피하지방과 진피까지 중력에 저항하도록 마사지하여 피부의 리프팅을 돕는 것이에요. 한 번의 강력한 시술로 리프팅 효과를 6개월 이상 1년 가까이 지속할 수 있는 최첨단 장비와 마사지를 비교할 수 있겠냐마는 하루 이틀에 한 번 셀프 마사지를 하는 습관을 유지한다면 얼굴의 리프팅도 유지력을 높일 수 있을 것입니다.

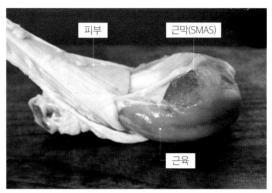

▲ 근막층의 예시(닭다리)

⑤ 근육

근육의 역할

근육은 단백질, 지방, 탄수화물, 무기염류를 포함하고 있는데, 그중 수분이 70%를 차지합니다. 반 이상이 수분으로 이루어져 있기 때문에 얼굴의 근육은 생각보다 부드러워요. 따라서 큰 힘을 들이지 않고도 근육을 이완시킬 수 있답니다. 같은 이유로 표정을 지을 때 근육을 어떻게 쓰느냐에 따라 얼굴에 주름이 생기기도 쉬워요. 미간을 찌푸리면 미간에 세로 주름이 지며 눈썹도 비대칭이 됩니다. 미간을 찌푸릴 때는 양쪽 안륜근(눈 주변을 동그랗게 감싸는 근육)을 동일하게 좁히지 않기 때문에 한쪽 눈썹에 힘이 더 많이 들어가 눈썹의 위치가 달라 보이는 것이죠. 또 이마를 들어 올려 눈을 뜨는 습관은 이마에 가로 주름을 지게 합니다. 안검하수(눈꺼풀처짐) 때문에 눈꺼풀에 힘이 없어 이마의 근육을 자주 사용한다면 주름을 예방할 수 있도록 안검하수 교정술을 받는 것도 추천합니다. 웃으면 광대 근육이 처지는 것을 예방하는 데 도움이 되지만, 입가나 팔자주름이 깊어질 수 있으니 가벼운 미소를 짓는 것이 좋습니다. 만약 24시간 포커페이스를 유지한다면 주름이나 얼굴의 비대칭을 예방할 수 있겠지만 희로애락을 느끼는 인간은 표정에서 자유로울 수 없습니다. 스트레스를 많이 받아 인상을 많이 쓴 날은 눈썹과 미간 위주로, 모자를 눌러써서 이마가 처진 느낌이 든다면 이마 위주로, 딱딱한 음식을 많이 씹은 날은 턱 위주로 마사지를 하면 좋습니다. 그날 많이 사용한 근육은 그날 즉시 풀어주어야 근육이 딱딱하게 굳어 인상이 고정되는 것을 예방할 수 있습니다. 근육을 마사지하면 근육을 둘러싼 근막 위의 피부층도 말캉해지며 생기를 얻습니다. 말캉해진 피부에 리프팅과 주름 완화 효과를 줄 수 있는 마사지 동작을 가해주면 효과가 극대화되죠. 시술을 통해서 피부와 근막을 리프팅 할 수는 있지만, 마사지를 통해 근육까지 이완시켜야 자연스럽고 아름다운 인상을 만들 수 있습니다.

안면 근육과
목 근육의 종류

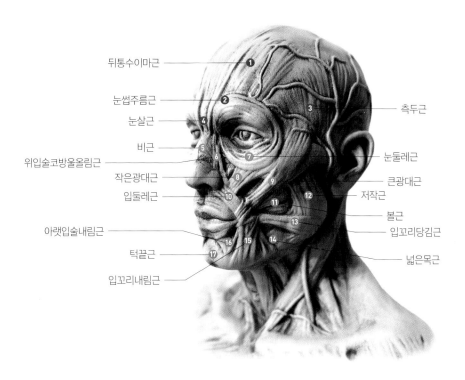

▲ 안면 근육

상안부로 향하는 근육

❶ 뒤통수이마근
❷ 눈썹주름근
❸ 측두근
❹ 눈살근

눈가 근육은 지방을 지지하고 피부가 처지지 않도록 꽉 잡아주는 역할을 합니다. 노화 현상으로 인해 눈가 근육이 처지면 주변의 얇은 피부도 함께 처지고, 눈 밑의 지방도 더 도드라져 보여요. 동양인은 특히 눈 두덩이와 눈 밑에 서양인보다 지방이 더 많은 편입니다. 최대한 노화를 예방하려는 차원에서 눈가 근육을 충분히 마사지해 주는 것이 좋습니다.

중안부로 향하는 근육

❺ 비근
❻ 위입술코방울올림근
❼ 눈둘레근
❽ 작은광대근
❾ 큰광대근

웃거나 인상을 쓸 때 콧등 근육을 많이 사용하면 코에 주름이 생깁니다. 또한 코의 중간을 둘러싼 근육이 굳으면 코 끝의 섬유조직이 처지게 됩니다. 따라서 나이가 들수록 코 끝이 처지는 현상은 자연스레 발생해요. 마사지로 코 뼈를 높이거나 반대로 낮게 할 수는 없지만, 코 끝의 섬유조직, 즉 피부가 처지는 것을 예방할 수는 있습니다. 코 주변을 마사지하면 근육뿐만 아니라 혈점도 자연스럽게 자극되어 체액 순환이 원활해지고 이로 인해 코막힘 현상도 어느 정도 개선됩니다.

하안부로 향하는 근육

❿ 입둘레근
⓫ 볼근
⓬ 저작근
⓭ 입꼬리당김근
⓮ 넓은목근
⓯ 입꼬리내림근
⓰ 아랫입술내림근
⓱ 턱끝근

하관의 입과 턱 주변 근육은 말을 하고, 음식을 씹고, 미소를 지을 때 사용됩니다. 미소를 지을 때는 광대 아래에서 입술로 이어진 근육의 운동으로 입꼬리가 올라가고, 입술을 내미는 등의 습관으로 입술 아래의 근육이 중력 방향으로 강하게 잡아당기면 입꼬리가 처지거나 자갈턱이 생성됩니다. 또 어금니로 딱딱한 음식을 씹거나, 잘 때 이를 가는 습관 등으로 저작근, 흔히 말하는 사각턱 근육이 비대해질 수 있습니다. 따라서 입 주변을 마사지하여 이러한 근육이 굳어지지 않도록 이완시켜줘야 주름이 깊어지는 것과 근육이 비대해지는 것을 예방할 수 있습니다. 특히 얼굴 근육을 풀어주기 위해서는 목과 앞가슴, 그리고 두피 근육을 먼저 풀어주는 것이 효과적입니다. 목과 앞가슴에 연결된 '⓮ 넓은목근(광경근)'을 자주 마사지해 주세요. 거북목이나 움츠러든 어깨를 가진 체형이라면 특히 넓은목근을 반드시 스트레칭해줘야 합니다. 넓은목근이 굳으면 목이 짧아지고 턱과 목 사이에 노폐물이 쌓여 이중턱이 두꺼워질 가능성이 높다는 것을 인지해 두세요.

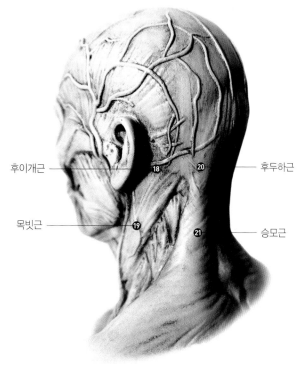

후이개근 ——— 18　20

목빗근 ——— 19

——— 후두하근

——— 21 ——— 승모근

▲ 목근육

앞목으로 향하는 근육이 '⓮ 넓은목근'이라면 뒷목으로 향하는 근육은 '⓳ 목빗근'입니다. 귀 뒤, 목 옆면에서 사선 아래 방향으로 내려와 쇄골 위까지 뻗어있습니다. 목빗근은 스트레칭이나 마사지 동작을 할 때 자주 자극하는 근육이며 이 위의 피부에는 림프절이 연달아 분포되어 있습니다. 손으로 목빗근을 옆으로 잡아당기거나 이 부분을 자극하는 스트레칭을 하면 이중턱과 두꺼워진 목을 완화하는데 효과적입니다. '⓴ 후두하근'과 '㉑ 승모근' 역시 자주 풀어줘야 턱선과 목이 두꺼워지지 않고 림프 순환이 촉진돼 얼굴에 부종이 발생하지 않습니다.

⑥ 심부지방

심부지방의 역할

피하지방이라는 단어는 잘 알려져 있지만 심부지방은 생소할 수 있습니다. 피하지방은 피부의 일부로서 피부층 맨 아래에 존재해요. 반면 심부지방은 피하지방 밑의 근육층 아래에 위치해 있습니다. 주로 피하지방과 근육을 탱탱하게 받쳐주는 역할을 하죠.

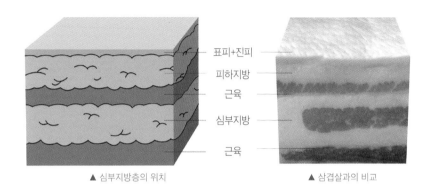

표피+진피
피하지방
근육
심부지방
근육

▲ 심부지방층의 위치　　　　　　　　　　▲ 삼겹살과의 비교

또한 심부지방은 주머니의 형태로 전신 곳곳에 위치해 있어요. 얼굴에서 심부지방 주머니가 있는 부위는 그림과 같습니다.

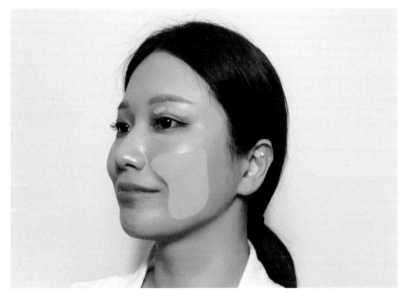

▲ 얼굴에서의 심부지방 분포 부위

손가락으로 볼살을 쥐면 다른 부위보다 유독 두껍게 느껴집니다. 볼살은 심부지방 주머니의 두께가 두꺼워 얼굴의 입체감을 살리는 미용적 역할을 톡톡히 합니다. 어린아이의 볼이 터질 듯 빵빵한 것처럼 심부지방은 동안의 상징이며 노화에 따라 손실되기 쉽답니다. 또한 충격으로부터 안구를 보호하기 위해 눈가에도 심부지방 주머니가 있는데 특히 눈 밑 주변 조직이 지방을 지지하지 못해 느슨해지면 지방만 툭 튀어나와 나이가 들어 보여요. 심부지방이 볼륨감 있게 탱탱하다면 피하지방을 받쳐주는 힘이 증가하여 피부가 중력에 의해 처지는 현상을 줄일 수 있습니다.

하지만 심부지방이 아무리 탱탱해도 그 밑의 근막이 느슨하면 심부지방을 지탱하지 못해 피부가 처지는 현상이 나타납니다. 심부지방이 두껍건 얇건 노화가 진행되면 근막이 지방을 지탱하지 못해 처지기 쉬우므로 마사지를 통해 중력에 저항하도록 근막의 리프팅을 돕는 것이 좋습니다. 단, 마사지로 볼살이나 이마, 관자놀이가 차오르기를 기대하지는 않는 것이 좋습니다. 체중의 증가 없이 마사지를 한다고 해서 지방이 저절로 증가하지 않습니다. 처진 지방과 피부를 리프팅 하여 얼굴의 굴곡을 보다 완만하게 하는 데 도움을 주는 것이 마사지의 기능입니다. 볼살이 너무 적어 걱정이라면 마사지가 아니라 지방이식수술이나 필러시술을 택해야 합니다.

림프에 대한 이해

림프계의 역할

우리 몸을 구성하는 체액은 대표적으로 혈액, 림프액, 세포간액(조직액) 이렇게 3가지가 있어요. 이 중 림프액은 림프관을 따라 흐르며, 림프관 중간중간에는 타원형 콩 모양의 림프절이 있습니다. 림프절에 살고 있는 대식세포는 노폐물이 유입되면 먹어 치우곤 해요. 체액을 깨끗하게 정화하는 우리 몸의 하수도 역할을 하는 것이죠. 림프관 주변에 노폐물이 쌓여 압력이 높아지면 림프관의 근육이 열리면서 노폐물을 관 안으로 흡수하는 원리로 노폐물을 처리합니다. 우리가 육안으로 확인 가능한 대표적인 림프절은 편도선이 있습니다. 편도선이나 턱 밑의 림프절이 붓고 통증이 느껴지는 것은 세균에 감염되었다는 신호예요. 면역력이 약하면 림프절로 옮겨진 세균을 대식세포가 먹어 치우지 못하고 전쟁에서 세균이 승리해 염증을 유발하게 됩니다. 이처럼 림프계는 우리 몸에서 노폐물 배출 및 면역력 증진 등의 중요한 역할을 맡고 있어요.

▲ 림프관과 림프절의 생김새

림프관과 주요 림프절의 위치

혈관은 표면적으로 퍼렇게 비치므로 육안으로 확인이 가능하지만 림프관은 투명해서 어디 있는지 알아챌 수가 없어요. 하지만 이 둘의 위치는 매우 밀접합니다. 혈관과 림프관 모두 줄기 또는 그물 형태로 뻗어 있어 이 둘은 바로 옆에 있거나 서로 겹친 채로 존재해요. 따라서 육안으로 보이는 혈관을 따라 마사지하면 림프관도 동시에 자극이 된답니다. 또한 림프절은 서로 다른 신체 부위가 연결되는 지점에 집중적으로 밀집되어 있습니다. 아래 다섯 곳이 대표적인 주요 림프절입니다.

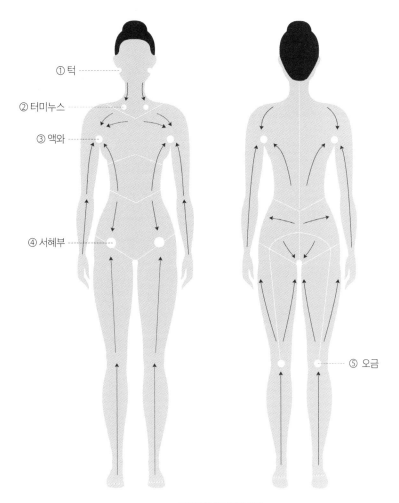

▲ 대표적인 림프절의 위치

① 머리와 목을 잇는 턱

② 목과 몸통을 잇는 쇄골(터미누스)

③ 팔과 몸통을 잇는 겨드랑이(액와)

④ 허벅지와 몸통을 잇는 서혜부(사타구니, Y존)

⑤ 종아리와 허벅지를 잇는 오금(무릎 뒤)

상체와 하체를 나눠서 볼 때 림프절은 하체보다 상체에 더 많이 분포되어 있습니다. 상체에 신체 기관을 잇는 연결 부위가 더 많아서 림프절이 몰려 있기도 하지만, 보다 중요한 이유는 바로 얼굴에 호흡기가 존재하기 때문입니다. 코와 입의 호흡을 통해 침투한 바이러스 및 세균은 얼굴(주로 턱 주변)에 분포된 림프절에 의해 걸러집니다. 또한 얼굴 아래의 쇄골과 겨드랑이에 림프절이 많이 분포된 이유는 림프액은 정화된 후 결국 심장으로 유입되는데 이때 깨끗이 정화된 상태여야 하기 때문입니다.

윤곽 관리를 한다고 해서 얼굴과 가까운 데콜테(목둘레)나 상체 위주의 림프절만 마사지하는 것은 최선의 관리 방법이 아닙니다. 림프관은 전신에 그물처럼 퍼져 있고 그 중간중간을 잇는 것이 림프절이기 때문에 상하체의 주요 림프절을 모두 마사지하는 것이 가장 좋습니다. 하체에는 서혜부(사타구니, Y존)와 오금(무릎 뒤) 위주로 림프절이 밀집되어 있습니다. 매일매일 모든 림프절을 꼼꼼히 자극해 주면 더할 나위 없이 좋겠지만, 시간적 여유가 없는 날에는 적어도 상체의 쇄골 위(터미누스)와 겨드랑이(액와), 하체의 서혜부 이 세 부위라도 자극해 줍니다.

서혜부는 매우 민감한 부위이기 때문에 자극 시 얼굴을 마사지하듯 문지르거나 강하게 두드리지 않습니다. 얇은 옷을 입은 상태에서 자극해도 되며 손에 달걀을 쥔 듯 오므려 공기를 넣고 톡톡톡 어린아이의 엉덩이를 두드리는 듯한 가벼운 압력이면 충분합니다. 눈가를 문지르는 듯한 가벼운 압력과 깊이로 누르며 위에서 아래로 밀어내는 자극도 더해주세요. 겨드랑이 역시 같은 방법으로 가볍게 주무르거나 손바닥으로 두드리면 됩니다. 2가지 최대 림프절에 쌓여있는 쓰레기통을 수시로 비우면 온몸의 노폐물이 다시 이곳으로 와 버려질 공간이 확보됩니다.

정화된 림프액의 종착지,
터미누스

신체 곳곳에 위치한 림프절을 거치며 노폐물이 어느 정도 걸러진 림프액은 결국 쇄골 위 터미누스(terminus, 종착역이라는 뜻)로 모입니다. 이 림프절에서 최종적으로 한 번 더 노폐물이 걸러진 후 빗장밑 정맥(심장으로 연결되는 정맥. 쇄골하정맥에서 명칭이 변경됨)을 거쳐 심장으로 유입됩니다. 때문에 마사지 동작 중에는 림프액의 마지막 관문인 터미누스를 지그시 누르는 동작이 자주 반복돼요. 림프절을 부드럽게 자극하며 림프액의 정화를 촉진시키는 동작이랍니다. 심장으로 유입된 림프액은 다시 혈관으로 유입되어 혈액을 구성하는 성분 중 하나가 됩니다.

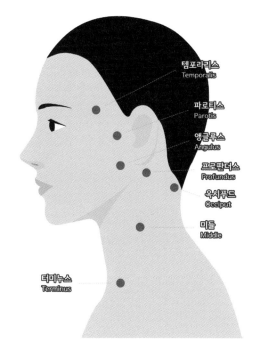

▲ 얼굴의 주요 림프절

혈관과 림프관의 차이

운동을 하면 호흡이 빨라지고 동시에 심장이 펌핑하면서 혈류량이 증가해 혈액 순환이 촉진됩니다. 림프관과 혈관은 거의 맞닿아 위치하기 때문에 혈관이 요동치면 림프관도 덩달아 흔들립니다. 여기서 혈관과 림프관의 가장 큰 차이점을 알 수 있습니다. 혈관은 심장이라는 펌핑 기관이 있고, 림프관은 펌핑 기관이 없다는 것이에요. 즉, 림프관은 스스로 요동칠 방법이 없기에 운동을 통해 혈관이 요동칠 때를 기회 삼아 순환이 촉진되거나, 마사지와 같은 외부적 자극을 통해서 순환되는 수동적인 존재입니다. 장기 근처의 심층 림프는 복부 근육 운동, 복식호흡의 도움을 받아 순환합니다. 이렇게 운동과 마사지 모두 적당히 습관화해 림프 순환을 돕는 것이 가장 좋지만 운동이 부족하다면 마사지를 통해 혈액과 림프액의 순환을 촉진시키는 것을 추천합니다. 또한 혈액, 림프액, 조직액의 총량이 부족하지 않으려면 평소 수분을 충분히 섭취하는 것도 중요합니다. 특히 림프액은 순환이 더딘데 수분까지 부족하면 더욱 정체되기 쉽다는 것을 명심하세요.

근력 운동이나 마사지를 전혀 할 수 없을 정도로 바쁘거나 피로할 때는 간단한 외부 압박을 통해 림프 순환을 촉진해 주세요. 학교나 직장 생활 중 한 시간에 한 번씩 일어나서 스트레칭을 한다거나 주요 림프절을 지압하는 것만으로도 림프 순환에 도움을 줄 수 있습니다. 스트레칭은 근육을 쭉 늘리거나 비틀어지도록 한 뒤 다시 원상태로 되돌리는 것입니다. 새총의 고무줄을 당기는 힘에 의해 돌멩이가 앞으로 날아가는 것처럼 근육이 이완과 수축을 하면 그 탄성에 의해 림프관이 요동칩니다. 그럼 더딘 흐름으로 림프관을 맴돌던 림프액이 한 발짝 더 앞으로 이동하게 된답니다.

03
경락과 혈점에 대한 이해

경락과 혈점의 정의

서양 의학에서는 피부에 혈관과 림프관이 존재한다고 하는데, 동양 의학에서는 여기에 하나 더 추가해 경락까지 흐른다고 주장해요. 경락의 의미는 '기혈이 흐르는 통로'로 무형의 '기(에너지)'와 유형의 '혈(혈액)'이 합해진 개념입니다. 즉, 혈관이 퍼져 있는 전신에 줄기와 가지의 형태로 경락이 흐른다고 보는 것이죠. 경락은 경맥과 낙맥 두 가지로 나뉘는데, 경맥은 큰 줄기이고 낙맥은 줄기에서 가지처럼 뻗어 나오는 작은 줄기를 일컬어요. 경락이 기혈의 통로라면, 혈점은 통로의 중간중간을 잇는 간이역에 비유할 수 있습니다. 혈점의 '혈(穴)'을 혈액의 '혈(血)'로 오해하는 경우가 있는데 '혈(穴)'은 구멍 또는 웅덩이를 의미합니다. 길의 중간중간에 움푹 파인 구덩이가 연이어 있다고 상상하면 이해가 될 거예요.

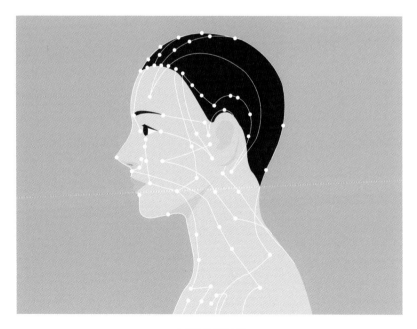

▲ 얼굴의 혈점 분포

경락 마사지의 원리
한의학에서는 경락의 흐름에 장애가 생겨 몸에 병이 나면 혈점을 지압하거나 침을 놓아 병을 낫게 한다고 말합니다. 이처럼 '경락학설'은 한의학에서 활용되는 치료의 이론이지만 해부 조직학적으로는 제대로 밝혀지지 않은 영역이에요. 혈액은 혈관을 통해 흐르므로 실재하지만 기, 에너지는 눈에 보이지 않으니 기혈을 해부학적으로 증명하는 것은 당연히 어렵겠죠. 한국식 경락 마사지라 불리는 미용 마사지는 경락 혈자리를 중심으로 이루어집니다. 손가락이나 도구로 해당 혈을 지그시 누르거나 문질러도 되고(지압 요법), 마사지 동작을 반복하면서 자연스럽게 마찰을 증가시킬 수도 있어요. 앞서 혈관과 림프관이 서로 밀접하게 위치해 있다고 한 것처럼 경락혈도 결국은 혈액이 흐르는 길을 따라 분포된 통로이므로, 혈관, 림프관, 경락 이 3가지 통로의 위치는 거의 일치한다고 봐도 됩니다. 때문에 마사지를 하면 혈관, 림프관, 경락(혈점)이 동시에 자극되며, 그 아래의 근막과 근육도 영향을 받지요. 마사지를 아주 약하게 하면 피부까지, 좀 더 지그시 하면 근육까지 깊이 자극되는 것이에요.

혈점을 지압하는 방법
혈점은 혈관 중간중간을 잇는 간이역이고, 림프절은 큰 혈관 주변에 밀집되어 있기 때문에 얼굴 주변에는 혈점과 림프절이 중복되는 지점이 많아요. 특히 얼굴과 쇄골, 목에는 대동맥과 대정맥이 흐르기 때문에 혈점과 림프절이 더 많이 분포되어 있습니다. 혈점은 쇄골부터 이마를 향해, 즉 아래에서 위를 향해 자극해 주는 것이 좋습니다. 림프 순환이 쇄골에서 먼저 시작되어야 얼굴의 노폐물이 아래로 내려와 배출되는 공간이 확보되기 때문입니다. 혈점 지압은 3초 동안 누르고 2초 동안 쉬는 동작을 3번 반복하는 것을 1세트로 합니다. 일반적으로 한 부위를 1~2세트만 반복 자극해도 혈액 순환이 촉진되는 것이 느껴지니 틈날 때마다 눌러주면 좋습니다. 너무 강하지 않게 지그시 부드럽게 자극해 주세요. 지압이 너무 강하면 피부 안에서 타박상을 입은 듯 염증이 생길 수 있습니다. 또한 혈점은 림프절, 신경 또는 각종 기관과 위치가 겹칠 수 있고, 이런 것들은 강한 자극에 민감하니 과하지 않게 자극하는 것이 중요합니다.

한 부위를 반복해서 천천히 문지르면 피부에 분포된 혈점이 자연스럽게 자극이 되는데, 좀 더 강력한 부스팅을 원한다면 손끝으로 혈점을 눌러주면 됩니다. 여기서 말하는 부스팅은 혈액과 림프액이 빠르게 순환하고 노폐물이 배출되는 속도를 가리킵니다. 혈점을 지압할 때 적절한 세기는 손톱 끝이 하얘질 정도로 지그시 누르는 정도입니다. 혈점 자극의 최소~최대 지압 방법을 숙지하고 다음 장에서 알려드리는 23가지 미용 혈자리 지압에 적용해 보세요.

▲ 적절한 혈점 지압 세기(손톱 끝이 하얘질 정도)

최소 지압 1세트 : (3초 지압 + 2초 쉬기) × 3회

일반적으로 한 부위를 위와 같이 1~2세트만 반복해서 자극해도 혈액 순환이 촉진됩니다. 손끝에 맥박이 느껴지면서 심호흡도 약간 빨라지는 것이 그 반응입니다. 1세트를 안면부 23가지 혈자리(34쪽)에 모두 적용하면 약 5분, 2세트를 반복하면 10분 정도의 시간이 소요됩니다. 물론 매일 10분 동안 23가지 혈자리를 눌러 주기란 쉽지 않겠지만 혈점 자극을 요가나 명상이라 생각하고 호흡하면서 지압하면 10분이 금방 지나갈 거예요.

이보다 더 많이 오래 누르면 오히려 해로울까요? 그렇지는 않습니다. 사실 혈점을 얼마나 오래, 많이 누를 것인가에 대해서 의견이 분분하지만 몇 초, 몇 회의 차이는 크게 중요하지 않습니다. 단, 눈 밑처럼 마찰에 민감한 피부는 너무 오래 누르면 빨개질 수도 있기 때문에 적당한 자극이 요구됩니다. 또 숨을 코로 들이마시고 입으로 내쉰다고 가정했을 때 혈점을 너무 오래 누르면 숨이 가빠져 불편한 느낌이 들 수도 있습니다.

위와 같이 최대 지압 방법을 1~2세트 반복해도 크게 무리는 없습니다. 호흡이 가빠지는 느낌이 들기는 하지만 불쾌하지 않고 손을 떼면서 숨을 내쉴 때 호흡을 깊게 뱉을 수 있어 복식호흡을 유도하는 효과도 있습니다. 최대 지압을 할 때는 1~2세트를 진행하는 중간중간 피부가 심하게 붉어지진 않았는지, 호흡은 불편하지 않은지 상태를 체크하면서 자극하길 바랍니다.

안면부 23가지 미용 혈자리

지금부터 얼굴의 부종 제거와 피부 톤을 밝게 하는데 영향을 주는 미용 혈자리 23가지를 알아보겠습니다. 매일 23가지 혈자리를 모두 다 눌러주는 것이 체액 순환과 노폐물 배출에 효과적이지만 여건이 되지 않을 때는 5곳 정도라도 꾸준히 지압해 주세요. 눈이 피로하거나 부었다면 눈 주위 5군데 정도, 이중턱이 두껍다면 턱 밑 5군데 정도를 누르는 방식으로 진행하면 효과를 더 빠르게 느낄 수 있을 거예요. 앞서 알려드린 최소~최대 지압 방법을 적용해 1~2세트 반복하면 됩니다.

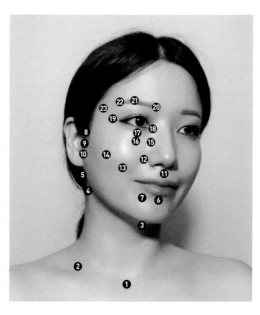

❶ 천돌　　❶⑮ 비통
❷ 기사　　⑯ 사백
❸ 염천　　⑰ 승읍
❹ 천용　　⑱ 정명
❺ 예풍　　⑲ 동자료
❻ 승장　　⑳ 찬죽
❼ 협승장　㉑ 어효
❽ 이문　　㉒ 사죽공
❾ 청궁　　㉓ 태양
❿ 청회
⓫ 수구
⓬ 영향
⓭ 거료
⓮ 권료

▲ 얼굴의 23가지 미용 혈자리

- 최소 지압 1세트 : (3초 지압 + 2초 쉬기) × 3회
- 최대 지압 1세트 : (10초 지압 + 5초 쉬기) × 3회

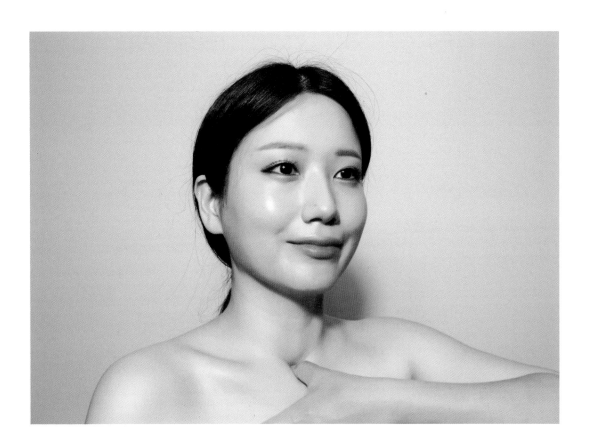

❶ 천돌

쇄골뼈 중간의 움푹 들어간 곳입니다. 천돌은 기침과 천식 등 기관지의 건강
이 좋지 않을 때 자극해 주면 기관지 질환 개선에 도움이 됩니다. 쇄골 주변
에는 림프절이 밀집되어 있어 자극 시 체액 내 노폐물 배출에 효과가 있습니
다. 엄지손가락으로 천돌혈을 약 1cm 깊이로 지그시 누르면 맥박이 뛰는 것
이 느껴지며 호흡도 빨라집니다. 천천히 깊게 복식호흡을 하며 이곳을 누르
면 보다 편안하게 자극이 됩니다. 코로 숨을 깊게 들이마시며 3초가량 지그
시 누르고, 2초가량 입으로 숨을 내쉬며 손을 뗍니다. 1~2세트 반복합니다.
말을 많이 하거나 다량의 먼지를 삼킨 날, 목감기 전조 증상으로 목구멍이 피
로할 때 틈날 때마다 천돌혈을 자극해 주면 좋습니다.

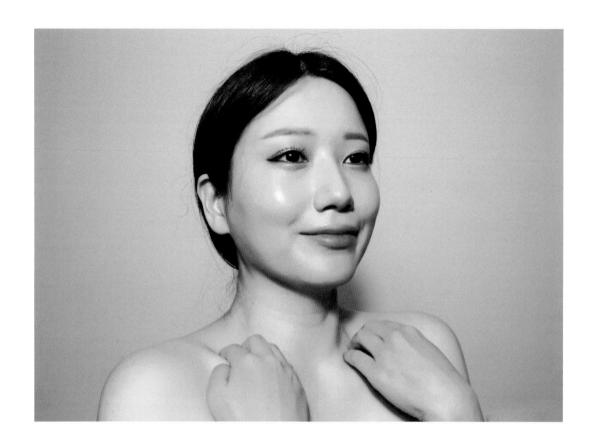

❷ 기사

기사혈은 온몸을 순환하며 정화된 림프액이 최종적으로 모이는 터미누스 림프절입니다. 위치는 쇄골 위 움푹 들어간 곳이며 양손 중지와 약지로 지그시 누릅니다. 기사혈 역시 천돌혈처럼 심호흡을 동반하며 약 1cm 깊이로 누릅니다. 천돌혈만큼 맥박이 빨라지는 느낌이 강하지 않지만, 역시 손끝에 맥박이 느껴지는 혈자리입니다. 기사혈과 천돌혈 자극은 노폐물 배출에 도움이 됩니다.

❸ 염천

턱 아래 중앙, 손가락으로 누르면 쑥 들어가는 지점입니다. 이중턱의 중간이
라고도 할 수 있는데요. 양쪽 엄지를 염천에 대고 약 1cm 정도 지그시 누릅
니다. 고개를 살짝 위로 들어 올리면 더 깊은 자극감이 느껴집니다.

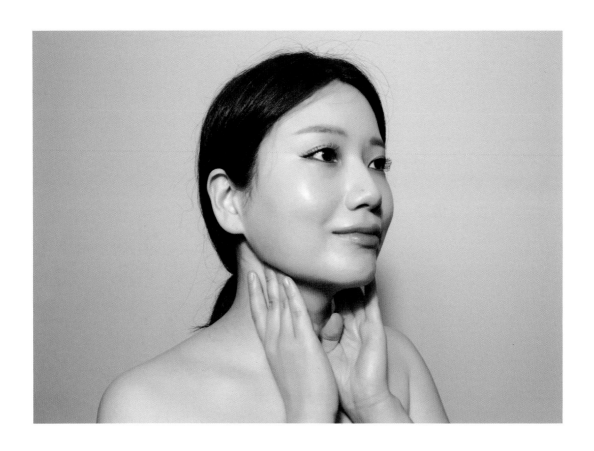

❹ 천용

천용혈은 흔히 말하는 사각턱의 각진 부분 바로 아래 움푹 들어간 지점입니다. 자신의 턱이 각지지 않았다면 귀 앞에서 수직, 입술에서 수평으로 교차하는 지점을 자극하면 됩니다. 역시 림프절이 분포되어 있으면서 움푹 들어가기 때문에 1cm 정도 지그시 누릅니다.

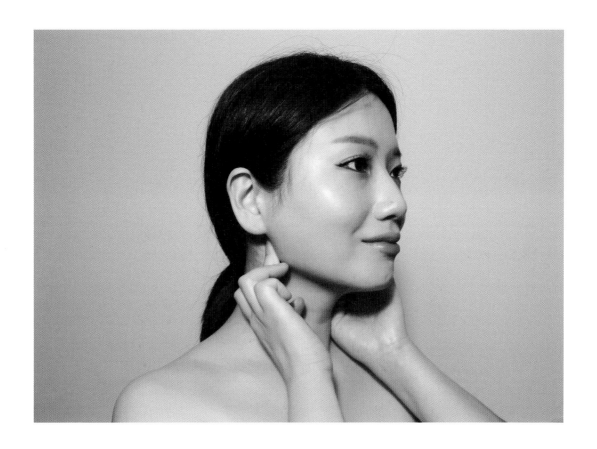

❺ 예풍

예풍혈은 귓불 뒤에 움푹 들어간 지점입니다. 혈점이자 림프절인 동시에 침샘의 끝자락까지 위치해 있는 부위라 예풍혈을 누르면 침이 분비되는 것이 느껴집니다. 강하게 자극하면 침샘에 염증이 생겨 부을 수도 있기 때문에 검지로 약 5mm 이상 지그시 누릅니다. 대동맥이 지나는 지점이기 때문에 맥박이 강하게 느껴집니다. 시간을 절약하고 싶다면 엄지로 ❹천용혈을 누르면서 동시에 검지로 예풍혈을 눌러도 좋습니다.

- 최소 지압 1세트 : (3초 지압 + 2초 쉬기) × 3회
- 최대 지압 1세트 : (10초 지압 + 5초 쉬기) × 3회

❻ 승장

승장혈은 아랫입술과 앞턱 사이의 움푹 들어간 지점입니다. 승장혈을 누르면 자연스럽게 아랫니의 뿌리가 느껴집니다. 때문에 어금니나 잇몸이 약할 경우 통증이 더 강하게 느껴질 수 있습니다. 검지로는 승장혈을 엄지로는 턱 아래의 ❸염천혈을 동시에 누르면 혈액 순환 촉진에 더 효과적입니다. 승장혈 부위는 피부가 두껍지 않기 때문에 약 5mm 정도만 지그시 눌러도 혈관에 자극이 갑니다. 단독으로 승장혈을 누를 때는 검지를 구부려서 관절 부위로 지그시 누르며 누른 채 작은 원을 굴려도 됩니다.

❼ 협승장

협승장은 승장혈에서 양옆으로 각각 1cm 정도 떨어진 지점입니다. 승장혈과 마찬가지로 치아의 뿌리가 느껴집니다. 가끔 이렇게 치아 뿌리 주변의 혈점을 누를 때 강한 통증이 느껴질 수 있는데, 강하게 오래 자극할 경우 며칠 동안 턱이 얼얼할 수 있습니다. 혈점을 누르면 신경선까지 자극되기 때문에 통증이 느껴지는 것이고, 혈액 순환이 정체된 부위일 경우 통증이 더 강하게 느껴질 수 있습니다. 이렇게 혈점을 하루에 1~2세트씩 매일 누르면 어느 순간부터 통증이 완화됩니다. 만약 통증이 사라지지 않는다고 너무 조급해하지 마세요. 혈점을 자극해 주면 노화나 잇몸 질환 등이 가속화되는 것을 조금이라도 늦출 수 있습니다. 혈액, 림프액 등의 체액이 순환되어야 염증과 노폐물이 배출될 가능성이 높아진다는 것을 명심하세요.

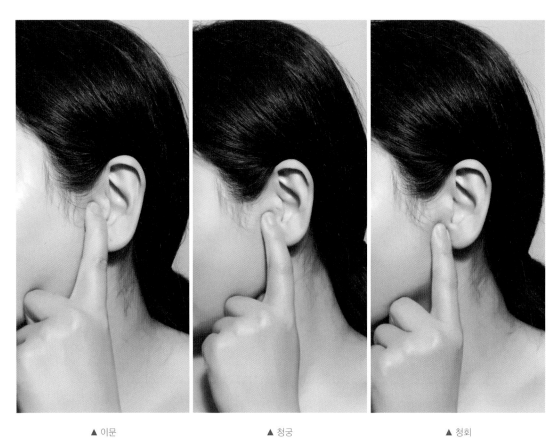

▲ 이문   ▲ 청궁   ▲ 청회

❽ 이문, ❾ 청궁, ❿ 청회

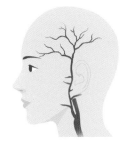

▲ 대동맥의 위치

이 3가지 혈자리는 귓구멍 바로 앞에 위치합니다. 귓구멍 바로 앞에 얇고 기다란 틈을 경계로 얼굴과 귀가 연결되어 있습니다. 이 부위에는 대동맥이 흐르기 때문에 살짝만 눌러도 맥박이 잘 느껴집니다. 우리는 혈점에 침술 치료를 하는 것이 아니기 때문에 세 혈점의 위치를 자로 잰 듯 정확하게 구분할 필요는 없습니다. 그저 귓구멍 앞의 얇고 기다란 틈을 세 지점 정도 촘촘하게 손가락 끝으로 누르면 됩니다. 피부가 얇은 부위이기 때문에 약 5mm 정도만 누르면 손끝에 충분히 맥박이 느껴집니다.

⑪ 수구

수구혈은 인중의 정중앙입니다. 마사지 중에는 인중을 문지르는 동작이 많은데, 이는 인중의 주름을 완화하는 동시에 수구혈을 자극하기 위함입니다. 수구혈은 코에서 일직선상으로 내려와 얼굴의 중심을 지나는 혈점이므로 순환을 촉진시키면 얼굴의 부기 제거에 도움이 됩니다. 수구혈은 가볍게 5mm 정도만 눌러도 손끝에 맥박이 느껴지며 호흡이 빨라집니다. 손끝에 앞니 치아 뿌리가 느껴지지 않아도 되니 가볍게 누릅니다.

⑫ 영향

콧구멍의 양옆에 위치한 영향혈은 대표적인 미용혈입니다. 만약 오늘 처음 또는 아주 오랜만에 영향혈을 자극한다면 적어도 양쪽 중 한쪽은 뻐근한 통증이 느껴질 수 있습니다. 이곳을 처음 누르는데도 별다른 통증이 없다면 평소얼굴의 혈액 순환이 원활하고 근육의 뭉침이 적은 케이스라고 볼 수 있습니다. 영향혈은 코막힘 완화나 얼굴 부종 제거에 효과적입니다. 팔자주름이 유독 깊어진 것처럼 느껴질 때 영향혈을 꾸준히 자극해 주세요. 영향혈에 엄지를 밀착하여 고개를 숙이면 손끝에 딱딱한 근육과 뼈가 느껴집니다. 지그시 눌러주기만 해도 되고 엄지를 구부려 관절로 작은 원을 그려줘도 좋습니다.

⓭ 거료

거료혈은 눈동자에서 내려온 수직선과 코 끝에서 이어진 수평선이 교차하는 지점입니다. 광대뼈 중앙의 바로 밑, 움푹 파인 곳인데 영향혈 못지않게 뻐근한 통증이 강한 부위입니다. 광대뼈 밑에는 지방 주머니가 있는데 체액 순환이 원활하지 않으면 지방 조직 사이사이에 노폐물이 쌓이게 됩니다. 게다가 습관적인 무표정으로 인해 광대 근육까지 굳어 있다면 거료혈의 통증이 더 강할 것입니다. ⓬영향혈처럼 거료혈에 엄지를 밀착하고 고개를 숙이면 강한 자극이 느껴집니다.

⑭ 권료

권료혈은 눈꼬리에서 내려온 수직선과 코 끝에서 이어진 수평선이 교차하는 지점입니다. 역시 광대뼈 밑의 움푹 파인 곳이지만 권료혈을 깊이 누르면 광대뼈의 경계가 모호해지며, 수직으로 뻗은 직사각형의 저작근 뿌리가 만져집니다. 역시 엄지를 밀착하여 근육과 뼈가 느껴질 정도로 지그시 누르면 맥박과 함께 뻐근한 통증이 느껴집니다. 마사지 테크닉 중 광대뼈 밑 고랑을 파면서 사선으로 올리는 동작을 자주 하는데, 이는 ⑫영향혈, ⑬거료혈, ⑭권료혈 3가지를 모두 자극하는 동시에 광대 밑의 노폐물 배출을 돕기 위함입니다. 이 3가지 혈자리를 누르면 막힌 코가 뻥 뚫리는 듯한 상쾌함을 느낄 수 있습니다.

⑮ 비통

비통혈은 콧대 양옆의 중간 지점으로 자극 시 비염이나 코막힘 완화에 효과
적입니다. 코 주변의 혈점을 누를 때는 코로만 심호흡하면 숨이 너무 가빠질
수 있으니, 입으로 호흡하며 누릅니다. 콧대 피부는 얇기 때문에 지그시 눌러
맥박과 함께 근육과 뼈가 만져질 정도의 힘으로만 자극하세요.

⑯ 사백

사백혈은 ⑮비통혈에서 수평선과 눈동자에서 수직선이 교차한 지점입니다. 거의 앞광대의 중간 지점에 가까운데, 이곳을 자극하면 다크서클 예방 및 완화에 효과적입니다. 코 옆이라 코막힘도 어느 정도 완화할 수 있습니다. 모세혈관벽이 약한 피부일 경우 사백혈을 너무 강하게 누르면 옅은 피멍이 들 수 있으니 비통혈과 마찬가지로 맥박이 느껴질 정도로만 가볍게 누릅니다. 검지로 지그시 누르거나 해당 혈자리에서 작은 원을 그려주세요.

❶ 승읍

승읍혈은 ❶사백혈에서 1cm 위의 지점으로 안구와 뼈의 경계이기도 합니다.
자극 시 다크서클 완화에 효과적입니다. 다크서클은 혈액 순환이 정체되어
막혀 있는 어혈이 표피상으로 검푸르게 또는 검붉게 드러나는 현상이에요.
이렇게 혈액 순환에 이상이 생기면 그 주변 피부 세포는 혈액으로부터 영양
소와 수분을 공급받을 수 없기 때문에 세포가 빠르게 노화됩니다. 노화와 함
께 다크서클은 더욱 악화되며, 잔주름과 눈가 처짐, 눈 밑 지방이 도드라지는
현상도 발생하죠. 이를 예방하기 위해 승읍혈을 꾸준히 자극해 주세요. 사백
혈과 마찬가지로 맥박이 느껴질 정도로만 지그시 누르거나 해당 혈자리에서
작은 원을 그려줍니다.

⓲ 정명

정명혈은 눈 앞머리와 콧대 사이의 오목한 지점으로 안경을 착용할 경우 안경 코 받침대 때문에 자국이 생기거나 퍼렇게 변하는 부위입니다. 정명혈의 자극은 눈의 피로와 코막힘 완화에 효과적입니다. 다크서클과 눈가 잔주름을 개선하고 싶을 경우에도 정명혈 자극은 도움이 됩니다. 엄지와 검지로 양쪽 정명을 지그시 쥐면 맥박이 잘 느껴지며 순간적으로 코와 눈의 피로가 뚫리는 느낌이 듭니다.

⑲ 동자료

동자료혈은 눈꼬리에서 5mm 정도 옆으로 떨어진 오목한 지점입니다. 어딘지 정확하게 구분이 되지 않는다면 양손의 중지와 약지를 눈꼬리에 광범위하게 대고 지그시 누릅니다. 눈가와 콧대의 혈점은 피부층이 얇아 혈관의 분포가 다른 부위보다 상층에 있기 때문에 가볍게 누르기만 해도 맥박이 잘 느껴집니다.

- 최소 지압 1세트 :
  (3초 지압 + 2초 쉬기) × 3회
- 최대 지압 1세트 :
  (10초 지압 + 5초 쉬기) × 3회

⑳ 찬죽

찬죽혈은 눈썹 앞머리입니다. 엄지를 밀착한 후 머리를 숙이면 깊은 자극이 전달되면서 뻐근한 통증이 느껴집니다. 눈썹 앞머리에는 신경이 지나가기 때문에 눈썹 꼬리보다 통증에 더 민감한 편입니다. 따라서 통증이 강하게 느껴질 수 있습니다. 찬죽혈을 꾸준히 자극하면 눈두덩이 부종 완화에 효과적이며, 눈의 피로 완화, 눈 밑 주름과 다크서클 완화에도 도움이 됩니다.

㉑ 어효, ㉒ 사죽공

어효혈은 눈썹의 2/3지점이고, 사죽공혈은 눈썹꼬리 지점입니다. 눈썹은 혈점의 분포가 촘촘하므로 엄지로 눈썹 전체를 누르거나, ⑳찬죽혈부터 ㉓태양혈(관자놀이)까지 지그시 누른 채 쓸어주는 것도 좋습니다. 눈썹의 혈점 자극은 눈두덩이 부종 제거와 탄력 강화에 도움이 됩니다.

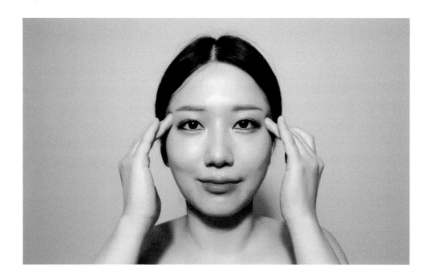

㉓ 태양

태양혈은 관자놀이의 정중앙입니다. 이곳은 혈점인 동시에 '템포라리스'라는 림프절로 눈가와 이마의 노폐물이 이곳으로 모여 1차 배출이 됩니다. 이마에는 헤어라인을 따라 매우 촘촘하게 혈점이 분포되어 있습니다. 두피 마사지를 할 때는 헤어라인부터 정수리의 백회혈을 향해 지압 또는 롤링해 줍니다. 그 밖에도 귀를 주물주물 만져주거나 접어 혈점을 자극하면 얼굴의 부종 제거와 노폐물 배출에 효과적입니다.

2

차근차근
워밍업 마사지

충분히 이론을 익혔다면 본격적인 마사지를 위해 준비를 할 단계입니다. 모든 마사지 전에는 스트레칭 등의 워밍업 동작을 해주는 게 좋습니다. 이번 장에서는 마사지 전후에 챙겨야 할 것들과 워밍업 마사지 하는 법을 알려드릴게요.

01
마사지 전 준비사항

식후 1시간은 피하기

식후에는 위장으로 혈액이 몰려 음식물의 소화를 돕습니다. 이때 다른 부위를 마사지하면 혈액이 마사지하는 부위로 몰려 소화에 방해가 됩니다. 때문에 소화를 위해서 식후 1시간 이내에는 마사지를 피해주세요.

편안한 환경 만들기

클래식처럼 느리고 잔잔한 음악과 어두운 조명, 은은한 향초와 함께 마사지를 하면 스트레스 완화에 더욱 도움이 됩니다.

등 근육 풀어주기

피부 관리의 1단계는 클렌징일 것 같지만 전문 피부 관리숍에서는 클렌징을 하기 전에 고객의 등을 먼저 마사지해 줍니다. 얼굴의 근육과 피부는 두피와 뒷목을 거쳐 등으로 연결되어 있기에 일상 생활과 업무로 인해 딱딱하게 굳어있는 등 근육을 먼저 풀어주면, 상대적으로 면적이 좁고 강직도가 낮은 두피와 얼굴 근육도 순조롭게 이완할 수 있기 때문이죠. 또한 등에 분포된 수많은 혈점을 자극해 전신의 혈액 순환을 촉진하면 림프관도 함께 자극받아 노폐물 운반 속도가 빨라집니다. 등을 풀어줄 때는 폼롤러나 마사지볼을 바닥에 깔고 누워 등 근육과 혈점을 10분 정도 이완하면 됩니다. 등 마사지가 끝나면 뒷목과 두피를 손으로 풀어주어 얼굴 리프팅 마사지를 위한 워밍업을 합니다.

**얼굴과 목, 손
깨끗이 씻기**

마사지의 수많은 효과 중 하나는 피부에 도포하는 크림이나 오일의 영양 흡수를 높이는 것입니다. 따라서 얼굴과 목, 손을 깨끗이 씻고 영양 크림이나 오일을 발라가며 마사지하는 것을 추천합니다. 얼굴에 먼지가 묻어 있거나 메이크업을 지우지 않은 상태에서 마사지할 경우 유해 성분과 세균이 표피에 침투할 가능성이 높습니다. 또한 마사지하는 손은 깨끗하고 부드러워야 합니다. 손톱은 짧게 깎고, 손가락 끝의 각질과 손바닥의 굳은살은 부드럽게 제거해 주세요. 손이 거친 분들은 평소 핸드크림을 습관적으로 발라 촉촉하게 관리하는 것이 좋습니다.

마사지 크림이나 오일 도포하기

마사지를 하기 전, 얼굴과 목을 깨끗이 클렌징하고 물기를 제거한 후 곧바로 크림이나 오일을 도포합니다. 크림이나 오일은 자극에 부드럽게 밀리면서 윤활제 역할을 해줍니다. 기초 화장품으로 판매되는 수분크림이나 영양크림은 대개 피부에 빠르게 흡수되거나 빠르게 휘발되는 특성을 지니고 있습니다. 때문에 10분 이상 피부를 문지르는 마사지에는 오일을 추천합니다. 점성이 강한 오일은 마사지할 때 뻑뻑한 느낌이 들고, 마사지를 마친 후 지우기도 까다로우니 점성이 약한 오일을 사용하는 것이 좋습니다.

점성이 약한 오일로는 식용 코코넛오일이 대표적인데, 코코넛오일에 함유된 다양한 지방산이 피부 장벽을 견고히 하는 데 도움을 줍니다. 지성 피부의 경우 오일이 부담스럽다면 평소에 사용하는 에센스나 크림에 오일을 소량만 추가하여 섞은 후 도포해도 됩니다. 만약 에센스나 크림을 단독으로 사용한다면 피부에 빠르게 흡수되기 때문에 마사지 도중 수시로 도포해야 합니다. 그렇게 되면 영양 성분이 표피에 과도하게 흡수될 수 있으니 에센스나 영양크림을 단독으로 사용하는 것은 지양해 주세요. 물론 요즘 온라인에서 흔히 판매하는 마사지 전용 크림을 사용해도 됩니다. 마사지 전용 크림은 일반 크림보다 흡수율과 휘발성이 낮고 유분기가 높아 촉감이 부드럽습니다. 추가로 겔 제형(알로에 겔 등)은 마르면 찐득해지므로 마사지용으로는 추천하지 않습니다.

02
마사지 후 마무리 방법

1단계
물수건으로 노폐물 닦기

마사지 전에 아무리 세안을 깨끗이 했더라도 마사지 도중 모공에서 피지와 땀이 분비되고, 미세하게 묵은 각질이 밀려날 수 있습니다. 이러한 노폐물이 모공을 막으면 피지와 결합하여 세균이 번식하기 좋은 환경이 됩니다. 그럼 다음 날 여드름이 날 수도 있는 것이죠. 따라서 마무리 과정에서 냉습포(冷濕布, 차가운 물수건)로 얼굴을 닦아내는 것은 필수적입니다. 그런데 피부 관리숍에서 관리를 받아보면 마사지 후 냉습포가 아닌 온습포(溫濕布, 따뜻한 물수건)로 닦아주는 경우가 훨씬 많습니다. 유분은 본래 따뜻한 습기에 더 잘 제거되기 때문에 우선 온습포로 유분과 노폐물을 완벽히 닦은 다음, 토너에 적신 화장솜으로 부드럽게 닦아서 혹시 남아있을지 모르는 노폐물을 제거하는 동시에 수분을 공급하는 것입니다. 그다음에는 차가운 모델링 팩(고무팩)을 두껍게 도포하여 15분 이상 얼굴의 열감을 식혀줍니다. 모델링 팩을 떼어낸 후에는 다시 냉습포로 팩의 잔여물과 잔여 열감까지 한 번 더 닦아낸 다음 기초화장품을 도포합니다. 그런데 셀프로 할 때는 매번 모델링 팩 과정을 완벽히 해내기가 어렵습니다. 모델링 가루와 물을 혼합하는 과정도 번거롭고 농도조절에 실패하면 잘 흘러내려서 관리실에서 도포해 줄 때만큼의 효과를 얻기 어렵습니다. 그래서 셀프 마사지 후 두꺼운 모델링 팩을 안 한다는 가정 하에 차가운 냉습포로 열감과 유분을 한 번에 제거하는 것을 추천합니다.

얼굴과 목 아래의 데콜테는 온습포로 닦아주면 좋습니다. 온습포는 유분과 노폐물 제거에 더불어 감기 예방에도 도움을 줍니다. 사실 한겨울에도 보일러나 히터를 틀어 실내 온도가 따뜻하다면, 냉습포 1장으로 얼굴과 데콜테까지 다 닦아도 무리가 없습니다. 여름은 말할 것도 없고요. 만약 감기에 취약한 체질이라면 데콜테만큼은 꼭 온습포로 닦아주세요. 단, 얼굴은 계절과 실내 온도에 관계없이 냉습포로 닦아야 한다는 것을 명심하세요. 그래야 얼굴의 열감이 제거되어 홍조를 예방할 수 있습니다.

마사지한 후 냉습포로 얼굴을 닦지 않고 곧바로 클렌징을 하면 안 되는지 궁금증이 생길 수도 있는데요. 크림이나 오일이 피부 표면을 덮은 상태에서 곧바로 폼 클렌저로 세안을 하면 유분이 완벽하게 제거되지 않습니다. 또한 마사지 전에 이미 한 번 세안을 한 상태에서 다시 세안을 하면, 과도한 클렌징으로 인해 피부가 건조하고 민감해질 수 있습니다. 조금 번거롭더라도 냉습포 처리는 생략하지 말아주세요.

마무리용 수건은 표면이 거칠지 않은 부드러운 것으로 골라주세요. 거친 수건으로 얼굴을 문질러 닦으면 각질층이 훼손되어 따갑습니다. 또한 문지르지 않고 꾹꾹 눌러가며 닦는 것도 중요합니다. 수건의 표면은 미세한 털 모양으로 되어있어 찍어내기만 해도 유분과 노폐물이 충분히 묻어납니다. 물기를 적당히 짠 수건으로 한 부위를 지그시 누르고 옆으로 조금씩 이동하며 닦아냅니다. 상대적으로 마찰에 덜 민감한 목과 데콜테는 부드럽게 밀면서 닦아도 됩니다. 마무리가 소홀할 수 있는 헤어라인과 귀 뒤도 반드시 닦아주세요. 이곳은 피지 분비가 많아 유분이 쌓이면 여드름이 나기 쉬운 부위입니다. 눈썹 사이사이도 꼼꼼히 닦아야 합니다. 모근이 있는 부위에 유분이 남으면 세균이 번식하기 쉽습니다. 이렇게 물수건으로 마무리하는 것은 마사지에서 정말 중요한 과정이라는 점을 꼭 인지해 두세요.

**2단계
기초 화장품 도포하기**

물수건으로 유분을 완벽히 제거하면 피부가 뽀송뽀송해집니다. 이 상태에선 별도의 세안 없이 기초 화장품을 도포해 마무리해도 됩니다. 만약 물수건 처리 후 여전히 열감이 남아 있는 것 같다면 차가운 물로 얼굴을 10번 정도 헹구어 열감을 낮춰줍니다. 이후 기초 화장품을 도포해 보습을 챙겨주세요.

03

3단계 워밍업 마사지

핸드마사지 동작 익히기

손끝으로 누르기

혈점을 누르거나, 눈썹과 눈 밑을 포함해 섬세한 부분을 쓰다듬을 때는 손끝으로 부드럽게 마사지합니다. 손가락 관절을 아프지 않게 꺾은 상태로 손톱 끝이 하얘질 정도로만 지그시 누릅니다.

주먹으로 누르기

마사지를 할 때 주먹을 쥐어 튀어나온 손마디 관절을 활용해 근육을 풀어주는 동작이 많습니다. 턱선의 교근이나 두피 옆면의 측두근은 딱딱하기 때문에 주먹으로 굴려가며 힘주어 자극해야 시원한 느낌이 들며 근육이 이완됩니다.

손가락으로 쓰다듬기

다른 사람에게 마사지를 해줄 때는 손바닥과 손가락 전체를 피부에 밀착하는 것이 좋습니다. 푹신한 손바닥으로 마찰하면 쿠션 효과로 인해 훨씬 부드럽게 마사지가 가능하기 때문이죠. 하지만 셀프 마사지를 할 때는 손바닥 전체를 얼굴에 밀착하는 동작이 잦으면 손목이 꺾여 불편합니다. 따라서 엄지를 제외한 세 네 손가락을 가지런히 모아 부드럽게 쓰다듬듯 마사지하는 것이 손목 관절에 무리가 덜 갑니다.

손바닥으로 감싸기

턱의 윤곽을 감싸올릴 때는 손바닥 전체를 밀착시켜 쓸어올립니다. 또한 데콜테 마사지를 할 때 손바닥을 밀착하여 밀어주면 손가락 관절도 아프지 않고 따뜻한 온기가 혈액 순환을 촉진시켜 몸의 피로가 풀립니다. 단, 평소 손바닥에 굳은살이 잘 생기는 타입이거나 손이 거칠다면 손가락을 이용하거나 두툼하고 부드러운 괄사(68쪽 참고)를 활용해도 좋습니다.

승모근과 목 스트레칭

1. 고개를 정면으로 숙이기(30초)

깍지 낀 손을 뒤통수에 대고 고개를 천천히 숙여 턱 끝을 쇄골에 맞닿을 정도로 내려줍니다. 30초간 유지하며 뒷목과 등 근육을 이완합니다.

2. 고개를 45° 왼쪽 옆으로 숙이기 (30초)

왼손을 오른쪽 옆통수에 대고 고개가 왼쪽 겨드랑이를 향하도록 살짝 숙인 후 천천히 누릅니다. 30초간 유지하며 오른쪽 뒷목과 어깨 근육을 이완합니다.

3. 고개를 45° 오른쪽 옆으로 숙이기 (30초)

오른손을 왼쪽 옆통수에 대고 고개가 오른쪽 겨드랑이를 향하도록 살짝 숙인 후 천천히 누릅니다. 30초간 유지하며 왼쪽 뒷목과 어깨 근육을 이완합니다.

4. 고개를 왼쪽 옆으로 숙이기(30초)

왼손을 오른쪽 옆통수에 대고 왼쪽 귀가 어깨에 닿을 정도로 천천히 누릅니다. 30초간 유지하며 오른쪽 옆 목과 어깨 근육을 이완합니다.

5. 고개를 오른쪽 옆으로 숙이기(30초)

오른손을 왼쪽 옆통수에 대고 오른쪽 귀가 어깨에 닿을 정도로 천천히 누릅니다. 30초간 유지하며 왼쪽 옆 목과 어깨 근육을 이완합니다.

6. 고개를 뒤로 젖히기(30초)

손을 앞가슴에 포개어 놓고 천천히 고개를 젖힙니다. 30초간 유지하며 목의 앞면과 앞가슴 근육을 이완합니다.

7. 고개를 45° 왼쪽 옆으로 젖히기 (30초)

손을 오른쪽 앞가슴에 포개어 놓고 고개를 왼쪽으로 살짝 돌린 뒤 천천히 고개를 젖힙니다. 30초간 유지하며 목의 오른쪽 측면을 이완합니다.

8. 고개를 45° 오른쪽 옆으로 젖히기 (30초)

손을 왼쪽 앞가슴에 포개어 놓고 고개를 오른쪽으로 살짝 돌린 뒤 천천히 고개를 젖힙니다. 30초간 유지하며 목의 왼쪽 측면을 이완합니다.

마무리하기

1. 승모근 주무르기(10회, 10회)

양쪽 승모근을 각각 10회씩 주무르며 근육을 이완하고 혈액 순환을 촉진시킵니다.

2. 머리 회전하기(5회, 5회)

머리를 가볍게 회전시키며 목 근육을 이완합니다. 좌우로 각각 5회씩 돌리며 스트레칭을 마무리합니다.

1. 가슴 정중앙 문지르기(30초)

손을 세워 가슴에 올립니다. 중앙을 기준으로 분포된 다수의 혈점을 원을 굴리며 30초간 문지릅니다. 앞가슴의 혈액 순환을 촉진시키며, 평소 뭉쳐있던 근육을 이완할 수 있습니다.

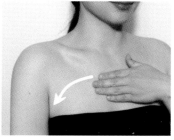

2. 앞가슴부터 겨드랑이(액와)까지 밀어내리기(8회, 8회)

왼손 손바닥을 앞가슴 중앙에 밀착시킨 뒤 오른쪽 겨드랑이를 향해 밀어내립니다. 8회 반복하며 쇄골 아래의 림프 순환과 노폐물 배출을 촉진합니다.

▶ 반대쪽도 동일하게 마사지합니다.

3. 목선부터 겨드랑이(액와)까지 밀어내리기(8회, 8회)

왼손 네 손가락을 오른쪽 귀 뒤에 대고 쇄골을 지나 겨드랑이까지 밀어내립니다. 8회 반복하며 목선의 림프 순환과 노폐물 배출을 촉진합니다.

▶ 반대쪽도 동일하게 마사지합니다.

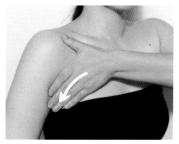

4. 겨드랑이(액와) 밀어내리기 (8회, 8회)

왼손 네 손가락을 오른쪽 겨드랑이에 대고 아래로 8회 밀어내립니다. 앞 단계에서 겨드랑이로 모은 노폐물을 한 번 더 배출시키는 과정입니다.

▶ 반대쪽도 동일하게 마사지합니다.

5. 겨드랑이(액와) 주무르기 (10회, 10회)

왼손으로 오른쪽 겨드랑이를 깊숙하게 쥐고 부드럽게 10회 주무릅니다. 이곳은 림프절이 밀집된 부위로 노폐물 배출을 촉진하기 위해 수시로 주무르면 좋습니다.

▶ 반대쪽도 동일하게 마사지합니다.

6. 겨드랑이(액와) 두드리기(20회, 20회)

달걀을 쥔 듯 왼손을 오므려서 오른쪽 겨드랑이를 톡톡톡 20회 두드립니다. 어린아이의 엉덩이를 두드리는 듯한 약한 자극으로 두드려도 림프절은 충분히 자극됩니다. 이 동작 역시 일상 생활에서 수시로 해주면 노폐물 배출에 도움이 됩니다.

▶ 반대쪽도 동일하게 마사지합니다.

1. 두피 옆면(측두근) 문지르기(30초)

양손을 주먹 쥔 채 손가락 관절로 측두근을 30초간 롤링합니다. 넓게 분포된 측두근에 원을 굴리면 울퉁불퉁한 근육이 만져지며 시원한 통증이 느껴질 수도 있습니다. 혈액 순환을 촉진하며 측두근과 함께 연결된 얼굴 근육을 유연하게 해줍니다.

2. 두피 윗면(정중앙) 문지르기(3회)

두피 중앙의 가르마를 기준으로 헤어라인부터 정수리까지 원을 촘촘히 굴려 문지릅니다. 3회 반복하여 굴리며 혈점을 자극하는 동시에 근육을 이완합니다.

3. 두피 윗면(정중앙 양옆) 문지르기 (3회)

두피 중앙의 가르마를 기준으로 양옆으로 약 3cm 떨어진 지점을 앞 단계와 같은 방식으로 문지릅니다. 3회 반복하며 혈점을 자극하는 동시에 근육을 이완시킵니다.

4. 전체 헤어라인 문지르기(3회)

헤어라인에는 촘촘하게 혈점이 분포되어 있습니다. 엄지를 귀 위에 대고 지지한 채 중지와 약지로 헤어라인에 작은 원을 굴리며 문지릅니다. 헤어라인 근육이 뭉치면 이마와 눈가 피부의 처짐이 더 악화될 수 있습니다. 한자리에서 3회 정도씩 원을 그리며 맨 위에서 귀 앞까지 내려옵니다. 3회 반복합니다.

5. 양옆 헤어라인 당기기(3회)

손바닥의 뿌리(수근)로 양옆 헤어라인을 뒤쪽 위로 3회 당깁니다. 혈액 순환 촉진과 눈가의 리프팅에 도움이 됩니다.

6. 귀 둘레 당기기(3회)

손바닥의 뿌리(수근)로 귀 둘레 근육을 바깥을 향해 당깁니다. 한자리에서 3회 정도씩 당겨가며 총 4~5곳을 자극합니다. 혈액 순환 촉진과 턱선 리프팅 강화에 도움이 됩니다.

7. 뒤통수 문지르기(30초, 30초)

뒤통수에 손끝을 대고 30초간 원을 굴리며 혈점과 근육을 자극합니다. 역시 혈액 순환 촉진과 턱선 리프팅 강화에 도움이 됩니다.

▶ 반대쪽도 동일하게 마사지합니다.

8. 풍지혈 지압하기(10초)

뒤통수와 목의 경계에 움푹 들어간 지점인 풍지혈에서 상부 승모근이 시작됩니다. 이곳을 10초 정도 지그시 누르며 근육을 이완하고 혈액 순환을 촉진합니다.

9. 목 뒤 밀어내리기(10회, 10회)

풍지혈부터 뻗은 상부 승모근을 한쪽당 10회씩 밀어내립니다. 양손으로 동시에 자극하는 것보다 한쪽씩 하는 것이 더 강한 자극을 줍니다.

▶ 반대쪽도 동일하게 마사지합니다.

TIP | 워밍업 마사지 효과 극대화하기

앞서 소개한 스트레칭, 데콜테 마사지, 두피 마사지 3가지 모두를 워밍업으로 진행한다면 혈액 순환 촉진, 림프 순환 촉진, 근육 이완으로 인해 마사지의 효과(피부 톤업, 부종 제거, 리프팅)가 더 높아집니다. 이 3단계를 모두 거쳐도 약 10분 정도밖에 걸리지 않기 때문에 큰 부담은 없을 것입니다.

피곤하거나 바빠 10분의 여유도 없을 때는 1단계인 스트레칭만이라도 꼭 해주세요. 목 근육을 이완시키는 과정에서 자연스럽게 림프관도 자극받아 체액 순환을 촉진할 수 있습니다.

▶ QR코드 내 영상을 보면서 워밍업 마사지의 상세 동작과 원리를 익혀보세요. 책에는 좀 더 따라 하기 쉬운 동작으로 안내되어 있습니다.

마사지 대표 도구 괄사 알아보기

 유튜브에 괄사 마사지 관련 영상이 범람하면서 도대체 괄사 마사지는 무엇이고, 어떤 괄사를 선택해야 하는지 궁금해하는 댓글이 많이 보입니다. 괄사(刮痧)는 '긁을 괄 (刮)', '곽란 사(痧)'의 합성어로 곽란이란 '구토와 머리가 띵한 증상을 동반하는 질병'을 말합니다. 즉, '괄사'는 '병독을 긁어내다'라는 의미로 원래는 표피를 박박 긁어 질병을 밀어낸다는 중국 전통 민간요법입니다. 인체의 경락혈을 따라 신경통이나 근육통이 있는 부위를 도구로 긁어서 병독을 배출한다는 주장에서 비롯된 요법이죠. 괄사는 원래 얼굴을 제외한 신체 부위를 치료하기 위한 목적에서 사용하기 시작했지만 점점 피부 미용과 결합해 얼굴을 마사지할 때 사용하는 도구로 자리잡고 있습니다. 괄사 마사지는 서양 의학 기준으로는 의료적 효과가 입증되지 않았으므로 진행 시 주의를 기울여야 합니다. 괄사로 피부를 세게 긁으면 피멍이 들거나 표피가 손상되면서 세균 감염으로 인한 염증이 발생할 수 있다는 것을 알아두세요.

괄사는 손으로 마사지를 할 자신이 없거나 손의 미열감이 부담스러울 때 사용하면 좋습니다. 하지만 괄사는 딱딱한 도구라서 손처럼 부드럽고 꼼꼼하게 마사지를 할 수는 없습니다. 또한 괄사가 너무 얇으면 피부에 매우 자극적이라 열감과 홍반이 심하게 나타날 수도 있습니다. 따라서 주로 혈점을 자극하는 용도로 사용하거나 두껍고 둥근 형태의 것을  선택하세요. 괄사는 재질과 형태에 따라 다양한 종류가 있으니 종류별로 어떻게 활용하면 좋은지 익혀두길 바랍니다.

1. 납작한 괄사

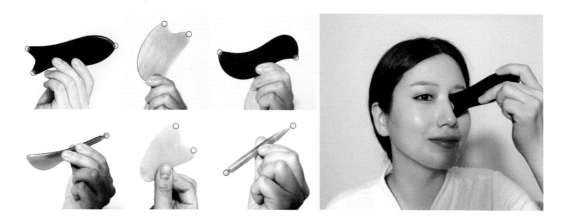

● 모서리

어떤 형태의 괄사든 모서리 부분은 혈점을 자극하기에 좋습니다. 특히 눈 주변의 혈점을 섬세하게 자극할 수 있어 유용해요. 눈 주변을 제외한 다른 부위의 혈점은 손가락으로 누르는 것이 더 느낌이 잘 옵니다.

● 오목한 면

납작한 괄사의 오목한 면은 얼굴의 턱선을 구레나룻을 향해 쓸어주거나, 목선의 림프 순환을 위해 쇄골 위까지 쓸어주는 용도로 사용합니다. 단, 너무 강하게 밀착시키면 피멍이 들거나 표피의 손상, 홍반을 동반하기 때문에 약하게 밀어줘야 합니다.

● 평면

납작한 괄사를 사선으로 눕히면 평면이 피부에 닿아 손바닥처럼 피부를 밀어줄 수 있습니다. 이때 가능하면 표면이 부드러운 옥, 플라스틱, 유기, 스톤 등의 재질로 된 괄사를 사용하세요. 소뿔 괄사는 사용할수록 겉면이 거칠어져 피부에 자극적입니다. 어떤 괄사든 평소 보관할 때 괄사에 흠집이 나지 않도록 주의해 주세요. 납작한 괄사는 가격이 저렴해 입문용으로 구비하기에 괜찮습니다. 하지만 납작한 도구는 손으로 잡기도 불편하고 피부에도 자극적인 편이니 괄사를 1가지만 소장하고 싶다면 손잡이가 있으면서도 두툼한 면으로 마사지할 수 있는 형태의 것을 추천합니다.

2. 손잡이형 스톤 괄사

손잡이형 스톤 괄사는 작은 사이즈와 큰 사이즈가 있어요. 작은 사이즈는 다림질하듯 얼굴을 꼼꼼하게 문지를 수 있고, 큰 사이즈로는 얼굴을 러프하게 문지를 수 있습니다. 특히 큰 사이즈 스톤 괄사는 목뒤 근육을 풀어주기에 탁월합니다. 스톤은 차가운 성질이 있어서 손 마사지의 미열감이 부담스러울 때 사용하면 좋습니다. 한겨울에는 데콜테와 목을 차가운 스톤으로 문지를 엄두가 나지 않을 거예요. 따라서 뜨거운 물에 스톤을 1분 정도 담갔다 꺼내 온도를 체크한 후 마사지하는 것을 추천합니다. 스톤은 본래 차갑지만 열감을 비교적 오래 보존하는 성질도 있으니 겨울철엔 따뜻하게 사용해 보세요.

3. 옥잔 괄사

옥잔 역시 스톤처럼 차가운 성질을 가졌지만 뜨거운 열감을 입히면 온기를 유지하는 성질도 있습니다. 옥잔을 뜨거운 물에 1분 정도 담가 잔의 바닥이 적당히 따뜻해지면 데콜테 마사지를 하기에 딱 좋은 상태가 됩니다. 데콜테와 더불어 목 기둥의 림프선도 잔의 바닥이나 주둥이로 내려주면 부드럽게 잘 밀립니다. 옥잔의 주둥이를 턱선에 밀착하고 구레나룻까지 올리면, 피부가 잔 속으로 살짝 흡수된 채 리프팅 되어 탄력 회복에 더욱 효과적입니다.

건강하게 예뻐지는 생활 습관

다이어트를 할 때 운동을 하는 것만큼이나 중요한 것이 식이요법이죠. 마사지도 마찬가지입니다. 마사지를 꾸준히 하는 것도 중요하지만 평소 자세나 식습관 등이 얼굴형에 적지 않은 영향을 미칩니다. 마사지를 통한 얼굴형과 이미지 개선에 앞서 먼저 자신이 아래의 질문에 해당하는 습관을 지니고 있는지 확인해 볼까요?

• 하루 물 섭취량이 1.5~2L 이하이다 (O/X)
• 짜고 자극적인 맛의 음식을 즐긴다 (O/X)
• 손톱을 뜯는 버릇이 있거나 질기고 딱딱한 음식을 즐긴다 (O/X)
• 땀이 날 정도의 과격한 운동을 자주 한다 (O/X)
• 잠을 잘 때 엎드리거나 옆으로 누워서 잔다 (O/X)
• 평소에 고개를 숙이고 오랜 시간을 보낸다 (O/X)
• 다리를 꼬거나 턱을 괴는 습관이 있다 (O/X)
• 술, 담배를 즐긴다 (O/X)

해당되는 항목이 많다면 오늘부터 하나씩 줄여 나가도록 노력해요. 꾸준히 실천하면 좋은 습관들도 하나씩 알려드릴게요.

1. 음식을 양쪽 어금니로 수직 운동하며 씹기, 바르게 누워 자기

심한 안면 비대칭이 고민이라면 몇 가지 습관을 점검해보세요.

첫째, 음식을 주로 한쪽 턱으로 씹는지. 둘째, 엎드리거나 옆으로 누워서 잠을 자는지. 셋째, 턱을 괴는 습관이 있는지 등 얼굴 비대칭이 도드라진 사람들은 대부분 이 중 하나 이상의 습관을 갖고 있습니다.

한쪽으로만 씹는 편측 저작은 저작근 발달에도 영향을 미치지만, 한쪽 눈꼬리만 올라가게 만들어 눈가 비대칭을 야기하기도 합니다. 저작 운동은 옆통수의 측두근과 턱의 저작근이 동시에 움직이며 이루어지고, 측두근이 움직이면 눈가의 근육까지도 같이 움직이기 때문입니다. 턱의 비대칭은 미관상 조화롭지 않을뿐더러, 입을 벌릴 때 턱에서 "딱 딱" 소리가 나는 턱관절 장애까지 일으킬 수 있습니다. 턱관절 건강과 조화로운 얼굴형을 위해서는 음식을 양쪽으로 골고루 씹고, 잘 때는 천장을 보고 반듯하게 누워 자야 비대칭이 악화되는 것을 예방할 수 있습니다. 이미 비대칭이 눈에 띄게 진행된 상태라면 근육을 이완시키고 충분히 마사지하여 대칭이 되도록 최대한 노력합니다. 마사지를 할 때 문제가 있는 쪽을 더 많이 자극하여 근육을 이완해 주세요. 예를 들어 저작근 이완을 위한 롤링 마사지를 양쪽 1분씩 해줬다면, 근육이 더 큰 쪽은 30초 정도 추가하여 롤링합니다. 한쪽 눈꼬리가 올라갔다면 올라간 쪽은 근육을 아래쪽으로 마사지하고, 반대쪽 눈가는 위를 향해 마사지하는 등 동작에 차이를 줘 균형을 맞춰줍니다.

2. 커피나 술을 마신 뒤에는 2배 이상의 수분 섭취하기

체내 노폐물 배출과 신진대사 촉진을 위해 하루에 1.5~2L 이상의 물을 섭취해야 한다는 것은 잘 알려진 사실입니다. 하지만 하루 종일 생수만 마시기는 힘들기에 우리는 커피나 차도 마셔가며 수분을 섭취합니다. 이렇게 마시는 커피, 녹차, 홍차 등에 함유된 카페인은 이뇨 작용을 촉진해 우리 몸의 다량의 수분을 체외로 배출시킵니다. 이 외에도 카페인이 함유된 식품인 초콜릿, 콜라, 에너지 드링크 등 역시 비슷한 단점이 있습니다. 따라서 카페인이 많이 함유된 음식을 섭취한 후에는 1시간 정도 의식적으로 평소보다 더 많은 양의 생수를 마시도록 노력하세요. 커피 한 잔을 마셨다면 500ml 이상의 물을 1시간 안에 섭취하는 것이죠. 커피 한 잔만큼의 수분이 배출되고도 체내에 남을 만큼 저장하기 위함입니다. 체내의 수분 부족은 당연히 피부 조직에도 영향을 미칩니다. 피부 세포에 수분 공급이 이루어지지 않으면 세포가 점점 말라가고 혈액 및 림프액의 흐름도 느려질 수밖에 없습니다. 그럼 노폐물 배출의 속도도 느려집니다. 음주도 마찬가지입니다. 술을 마시면 유독 목이 마르고 소변 배출도 잦아지는데, 에탄올이 항이뇨 호르몬 분비를 줄이기 때문입니다. 술을 마시는 도중 그리고 다음날 유독 피부가 건조하고 들뜨는 느낌이 드는 것도 이뇨 현상으로 인한 경미한 탈수 증상 때문입니다. '카페인과 에탄올' 이 2가지 성분이 함유된 음식을 섭취한 후에는 의식적으로 생수를 많이 마셔 피부가 건조해지는 현상을 막아주세요.

3. 나트륨이 함유된 음식 피하기

나트륨은 체중의 0.15%를 차지하며 우리 몸의 수분 함량과 혈압을 적당하게 조절해 줍니다. 하지만 나트륨 함량이 과도하면 수분을 꽉 잡아 체외로 배출되지 못하게 합니다. 피부층 안에서도 같은 현상이 벌어집니다. 조직액 내에서 나트륨이 수분을 꽉 쥐고 있으면, 삼투압 현상에 의해 피부 세포가 자신의 몸에서 수분을 뿜어 냅니다. 그럼 세포는 쪼그라들고 세포와 조직들 사이에 수분이 흥건한 상태가 되는데 이럴 때 우린 부종(부기)을 느낍니다. 이때 갈증이 나 많은 물을 섭취한다 해도 새로운 수분 역시 빠져나가지 못하고 저장됩니다. 즉, 짠 음식을 먹고 난 후에는 수분을 많이 섭취하더라도 나트륨이 수분을 붙잡아 수분과 나트륨이 곧바로 배출되지 않고 장시간 체내에 머물러 있게 됩니다.

만약 아침에 피부가 퉁퉁 부어있다면 차라리 커피 한 잔을 마셔 소변으로 수분을 배출하고, 곧바로 물을 많이 마셔 탈수를 예방하는 방법을 추천합니다. 시간적 여유까지 있다면 스트레칭과 얼굴 마사지를 해줍니다. 림프 순환으로 인해 피부에 정체되어 있던 수분과 노폐물 배출이 촉진되어 단시간 안에 얼굴의 부기가 빠지는 것을 확인할 수 있을 것입니다. 마사지할 시간이 없다면 얼굴과 목, 쇄골 주변의 혈점을 눌러주는 것만으로도 부기 제거에 도움이 됩니다. 혈점을 자극하여 혈액 순환이 촉진되면 혈관 옆의 림프관도 자연스럽게 자극을 받아 수분과 노폐물의 배출이 원활해집니다.

세계보건기구(WHO)에서 권장하는 1일 나트륨 권장량은 성인 기준 2,000mg(소금 약 5g) 정도입니다. 나트륨을 너무 적게 섭취해도 다양한 부작용이 있으므로 적절한 섭취량을 지키는 것을 권합니다.

4. 입은 다물고 혀는 천장에 대며, 코로 호흡하는 습관 들이기

유아기에 입으로 호흡하는 습관은 아데노이드형 얼굴(코가 길어지고 아래턱이 긴 얼굴형)을 만든다고 알려져 있습니다. 청소년기 이후부터는 구강 호흡을 한다고 해서 얼굴형 변형에 영향을 주지 않지만 입으로 호흡을 하면 여러 부작용이 있습니다. 대표적으로 입으로 유입된 바이러스는 편도선에서 1차적으로 방어하는데 면역력이 약하다면 편도선염, 인후염 등의 목감기에 걸릴 확률이 높아집니다. 저는 수면시간을 포함하여 코로만 숨을 쉬는 습관을 유지한 지 10년이 되었습니다. 20대 중반에 편도선 제거 수술을 한 뒤 바이러스 감염을 예방하고자 들인 습관입니다. 코로 호흡하면 답답한 느낌이 있지만 코털이 먼지를 걸러주는 필터 역할을 해줘 호흡기로의 유입을 어느 정도 막을 수 있습니다. 호흡기로 유입된 바이러스와 세균은 건강을 위협할 뿐만 아니라 피부 조직 사이사이에 쌓인 노폐물에 섞여 피부 세포를 공격하고 부종을 만듭니다. 비염이나 축농증이 있어 비강 호흡이 어렵다면 코와 주변 혈자리를 자극하여 체액 순환을 높여야 합니다. 오랜 습관을 금세 고치긴 어렵겠지만 혈점 자극과 비강 호흡으로 호흡기와 피부 건강을 지켜보세요.

5. 얼굴에 열을 유발하는 생활 습관 멀리하기(사우나, 과한 운동, 음주, 흡연 등)

진피층의 모세혈관이 수축되지 못하고 확장되어 있는 상태가 지속되면 홍조 현상이 만성화됩니다. 모세혈관의 확장은 혈액 순환의 증가 때문에 발생하며, 혈액 순환을 촉진하는 요인으로는 운동, 고온의 기후 환경, 감정의 고조, 음주, 흡연, 마찰 등을 들 수 있습니다. 마사지 또한 혈액 순환을 촉진시킵니다. 노폐물을 배출시킨다는 장점이 있지만 마사지 후 냉습포(차가운 물수건) 처리를 하지 않는다면 이는 홍조의 원인이 될 수 있습니다. 때문에 냉습포 처리를 항상 습관화해 주세요. 어릴 때는 혈관이 한 번 확장하면 다시 원상태로 수축하는 능력이 뛰어나지만 혈관벽은 평활근이라는 얇은 근육으로 이루어져 있기에 나이가 들수록 노화됩니다. 이렇게 수축되지 못하고 늘어진 모세혈관이 얼굴에 모여있으면 피부가 붉게 보이거나 실핏줄이 선명하게 드러나기도 합니다. 더 악화되면 얼굴이 붉다 못해 화끈거리고 따갑기까지 합니다. 따가운 증상을 방치하면 혈관 내에 염증이 생겨 피부 질환을 일으키기도 하죠. 흔히 '딸기코'라 불리는 질병의 병명은 '주사'인데 얼굴의 중앙, 특히 돌출된 양볼, 코, 턱, 이마 등에 지속적인 홍조와 심하면 염증이 생기는 것입니다. 위에서 언급한

흡연과 음주, 잦은 사우나와 고강도의 운동, 더운 여름날의 야외활동 등은 혈관을 확장시키고, 나아가 염증을 일으켜 홍조를 악화시킬 수 있습니다. 홍조 현상이 있는 분들이라면 이러한 활동은 멀리하도록 노력하며, 만약 하게 된다면 적절한 후처리를 해주는 것이 중요합니다. 얼굴을 찬물로 여러 번 헹군다거나 쿨링감 있는 마스크팩이나 모델링팩을 얹어 열감을 빠르게 내려주어야 합니다. 차가운 물수건을 1~2분 정도 얼굴에 밀착시키는 것도 좋은 방법입니다.

6. 화장솜 자주 사용하지 않기

표피에는 혈액이나 림프액, 조직액과 같은 체액이 존재하지 않습니다. 즉, 수분이 없다는 말입니다. 따라서 표피는 본래 건조하며, 얼굴이 당기거나 트는 것은 자연스러운 현상입니다. 이를 개선하기 위해 표피의 보습을 돕는 화장품들이 점차 생겨난 것이랍니다. 대신 표피의 각질층에는 NMF(Natural Moisturizing Factors)라고 불리는 천연 보습인자가 존재하는데요. NMF는 진피층에서부터 표피층까지 수분이 올라오도록 끌어당기는 역할을 합니다. 원래 건강한 피부라면 NMF가 각질층에 풍부해 수분을 머금어 표피의 건조함을 완화시킵니다. 하지만 과도한 각질 제거와 화장솜으로 매일 얼굴을 닦는 습관을 가지고 있다면 NMF도 함께 제거되므로 표피의 보습 능력이 떨어집니다. 때문에 화장솜의 사용을 줄이고 각질 제거를 너무 자주 하지 않는 것을 추천합니다. 피부의 보습력이 떨어져 건조해지면 피부가 더욱 민감해질 뿐만 아니라 주름이 생기기도 쉽습니다.

각질은 벽돌을 15~20층 정도 쌓은 벽처럼 생겼는데, 벽돌 사이사이를 메우는 시멘트의 역할을 하는 것이 바로 지질(유분)입니다. 지질은 단백질인 각질이 견고하게 쌓여 피부의 장벽이 되도록 도와준답니다. 견고해진 각질은 피부의 보호막이 되어 세균의 침입과 피부 속 수분 증발을 예방합니다. 때문에 각질 제거를 1주일에 1회 이상 한다면 보호막이 훼손될 가능성이 높아지는 것이죠. 물론 피부 타입에 따라 각질 제거의 주기는 차이가 있을 수 있습니다. 지성피부의 경우 피지 분비량이 높기 때문에 각질이 모공을 막으면 피지와 세균이 결합되어 여드름이 발생할 가능성이 높습니다. 따라서 주 1회의 각질 제거는 필요합니다. 하지만 건성피부는 표피에 보호막이 필요하기에 1~2주에 한 번만 제거하거나 피지 분비가 상대적으로 많은 T존 부위만 제거해도 충분합니다.

셀프 마사지를 1~3일의 주기로 진행한다면 마사지를 할 때마다 피부 결이 어느 정도 자연스럽게 정돈되는 효과가 있습니다. 크림이나 오일을 도포하면 각질이 연화되고, 마사지를 할 때 압력에 의해 각질이 밀려나갈 수도 있죠. 또 마지막에 차가운 물수건으로 유분을 닦아낼 때 묵은 각질이 정돈되는 효과도 있고요. 이렇게 마사지를 자주 할 경우에는 특히 화장솜 사용과 잦은 각질 제거를 피해야 합니다.

3

고민별
셀프 경락 마사지

셀프 경락 마사지를 어떻게 시작해야 할지 감이 안 온다면 자신만의 콤플렉스를 완화할 수 있는 마사지를 골라 실천해 보세요. 무엇보다 가장 중요한 건 꾸준함입니다. 일상에 좋은 습관 하나를 더한다는 가벼운 생각으로 꾸준히 지속해 보세요.

QR코드 내 영상을 보면서 각 마사지의 상세 동작과 원리를 익혀보세요. 책에는 좀 더 따라 하기 쉬운 동작으로 안내되어 있습니다. 처음 동작을 익힐 때는 영상을 참고하고, 루틴화할 때는 책의 과정으로 따라 하세요.

셀프 경락 마사지
추천 루틴

정석파 루틴(매일 30분씩)

부지런히 매일 관리하여 효과를 극대화하고 싶다면 아래의 루틴을 꾸준히 지속해 주세요. 하루 30분씩 셀프 경락 마사지에 시간을 투자한다면 눈에 띄게 문제점이 개선되고 부종 완화와 리프팅의 고정력을 얻을 수 있습니다.

1. 워밍업 마사지 3가지(62~66쪽 / 약 10분)

스트레칭, 데콜테 마사지, 두피 마사지 모두 연결해 진행하세요.

2. 8분 풀페이스 경락 마사지(116쪽 / 약 8분)

워밍업 마사지 후 8분 풀페이스 경락 마사지를 진행하면 얼굴의 전체적인 체액 순환이 촉진되고 리프팅 하기 더 좋은 상태가 됩니다. 이 마사지는 매일 단독으로 진행해도 좋습니다. 전체적인 피부 리프팅과 부종 완화의 효과를 얻을 수 있습니다.

3. 고민별 마사지, 1일 최대 2가지(82~115쪽 / 각 5분 이상)

여러분이 선택한 고민별 마사지와 앞 단계에서 했던 8분 풀페이스 경락 마사지에서 중복되는 동작이 있어도, 몇 회 더 반복하는 것은 피부와 손목에 큰 무리가 되지 않습니다. 8분 풀페이스 경락 마사지를 통해 얼굴 전체 근육을 이완한 후 고민별 마사지로 고정력을 얻는다면 금상첨화입니다.

4. 마무리

차가운 물수건으로 유분과 노폐물을 제거한 후 기초 화장품을 도포합니다.

▶ 추가로 1주일에 1회씩 꼰네뜨 마사지(122쪽)를 곁들이면 근막 강화에 더욱 효과적입니다. 꼰네뜨 마사지를 하는 날이라면 8분 풀페이스 경락 마사지를 생략하고 해당 과정에서 진행합니다. 이후 최대 2가지의 고민별 마사지를 곧바로 이어서 해주세요.

노력파 루틴(2~3일마다 20~30분씩)

시간이 부족하거나 귀찮아서 매일 마사지를 할 수 없는 경우, 최대 3일 이상 건너뛰지는 말아 주세요. 셀프 경락 마사지는 압력이 강하지 않기 때문에 자주 해줘야 피부 노화 속도에 대응할 수 있습니다. 정석파 루틴처럼 전 과정을 진행하기 어려울 때는 최소한의 과정을 선택하여 결합해 주세요. 예를 들면, 워밍업 마사지도 3가지 중 1가지만 고르고, 고민별 마사지도 1가지만 진행해도 돼요. 또는 워밍업 + 8분 풀페이스 경락 이렇게 2가지만 해줘도 괜찮습니다. 물론 이렇게 선택한 과정을 2~3일에 한 번씩 꾸준히 해줘야 효과적인 루틴이 됩니다.

1. 워밍업 마사지 1가지(62~66쪽 / 약 3분)

너무 귀찮거나 바쁠 때는 3단계의 워밍업 마사지 중 최소 1가지만이라도 진행해 주세요. 예를 들어, 이중턱을 집중적으로 개선하고 싶다면 목과 턱의 체액 순환에 효과적인 스트레칭을, 목주름 개선이나 따뜻한 온기로 스트레스를 해소하고 싶다면 데콜테 마사지를, 이마와 광대 등의 상안부를 개선하고 싶다면 두피 마사지를 선택하면 됩니다. 물론 3가지 워밍업 마사지를 모두 다 해주면 더 좋지만 그날의 컨디션이나 감정에 따라 무리하지 않고 선택적으로 진행해도 괜찮습니다.

2. 8분 풀페이스 경락 마사지(116쪽 / 약 8분)

워밍업 마사지 후 8분 풀페이스 경락 마사지를 진행하면 얼굴의 전체적인 체액 순환이 촉진되고 리프팅 하기 더 좋은 상태가 됩니다. 이 마사지는 매일 단독으로 진행해도 좋습니다. 전체적인 피부 리프팅과 부종 완화의 효과를 얻을 수 있습니다.

3. 고민별 마사지, 1일 1~2가지(82~115쪽 / 각 5분 이상)

너무 바쁘거나 귀찮을 때는 8분 풀페이스 경락 마사지 단계에서 끝내도 되지만, 고민별 마사지를 1가지 정도 추가로 진행해 주는 루틴을 갖게 되면 더 빠른 기간 내에 효과를 볼 수 있습니다. 8분 풀페이스 경락 마사지를 패스하고 고민별 마사지 1~2가지를 진행해도 됩니다.

4. 마무리

차가운 물수건으로 유분과 노폐물을 제거한 후 기초 화장품을 도포합니다.

▶ 추가로 1주일에 1회씩 꼰네뜨 마사지(122쪽)를 곁들이면 근막 강화에 더욱 효과적입니다. 꼰네뜨 마사지를 하는 날이라면 8분 풀페이스 경락 마사지를 생략하고 해당 과정에서 진행합니다. 이후 최대 2가지의 고민별 마사지를 곧바로 이어서 해주세요.

1 목주름이 깊어지고 목이 점점 더 두꺼워져요 <small>하안부</small>

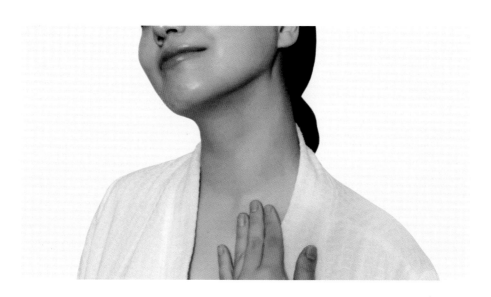

4~5kg의 머리를 지지하고 있는 목의 근육과 뼈는 항상 피로할 수밖에 없어요. 게다가 구부정한 자세나 고개를 숙여 스마트폰을 보는 습관, 높은 베개를 베는 습관 등은 목주름의 원인이 됩니다. 목은 상하좌우로 자유롭게 움직여야 하기 때문에 다른 부위보다 피부가 좀 더 느슨한 편이에요. 따라서 앞서 말한 바람직하지 않은 자세와 생활 습관이 쌓이면 목이 접히면서 피부에 가로 주름이 쉽게 생깁니다. 목에 주름이 깊어지는 또 다른 이유는 자외선이에요. 자외선 침투로 인해 콜라겐이 손실되면 미세한 세로 주름까지 생성됩니다. 목주름과 피부 탄력 저하를 예방하려면 꾸준한 마사지와 함께 외출 시 선크림을 목까지 도포하거나, 양산을 쓰는 등의 습관을 생활화하는 것이 중요합니다.

┃CHECK POINT┃

- 세안 후 크림이나 오일을 도포한 상태로 시작하기(57쪽)
- 목 마사지에 괄사를 사용하면 세지 않은 마찰에도 모세혈관이 파열될 수 있으므로 손으로 마사지하기
- 워밍업 마사지의 1단계인 스트레칭(62쪽)을 반드시 진행한 후 마사지하기
- 과정 3의 꼰네뜨를 습관화하기

1. 목 아래로 쓰다듬기(20회)

목을 세로로 절반 나누어 양손을 모두 쓸어내리는 것을 1회로 10회 마사지합니다. 양쪽 모두 합쳐 20회를 부드럽게 쓸어내리며 림프 순환을 촉진합니다.

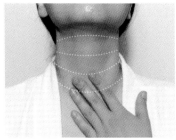

2. 목 기둥의 경계 나누기

목 기둥을 대략 4단계로 나눕니다. 아래에서부터 가로의 경계를 따라 피부를 잡아 당기며(꼰네뜨 동작) 맨 위까지 자극해 줄 거예요.

3. 왼쪽을 향해 꼰네뜨(1회)

4단계로 나눈 목의 맨 아래층 피부를 오른쪽에서 왼쪽을 향해 잡아당기며 근막을 자극합니다. 엄지는 지지한 채 검지와 중지를 교차하여 꼬집으며 옆으로 이동하는 꼰네뜨 동작입니다. 손톱이 아닌 손가락으로 꼬집어야 피부에 자극이 가지 않습니다.

4. 오른쪽을 향해 꼰네뜨(1회)

앞 단계에서 왼쪽을 향해 이동해온 경계를 따라서, 다시 오른쪽을 향해 같은 동작을 합니다. 이렇게 위로 올라오며 총 4단계를 진행합니다.

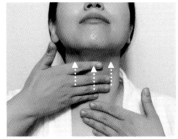

5. 목 위로 쓸어올리기(30회)

목을 세로로 세 면으로 나누어 양손을 모두 쓸어올리는 것을 1회로 한 면당 10회씩 양손으로 빠르게 쓸어올립니다. 전체 30회를 진행합니다.

▶ 마사지 후 물수건으로 꼭 마무리를 해주세요(58쪽).

2 이중턱 때문에 인상이 둔해 보여요 하안부

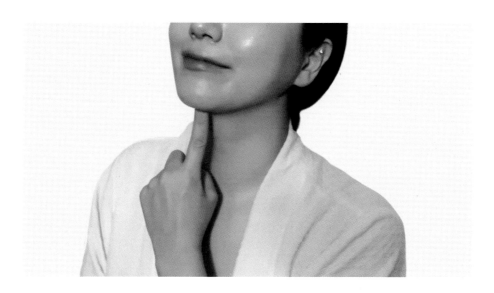

턱 밑에는 지방을 저장할 수 있는 공간이 넉넉해요. 지방이 쌓이면 중력에 의해 아래로 처져서 이중턱이 두꺼워집니다. 지방 세포 사이에는 조직액이라는 체액이 존재하고 지방이 많을수록 공존하는 조직액의 총량도 많은데요. 조직액 안에는 미처 림프관으로 유입되지 못한 노폐물이 잔류할 수 있어요. 노폐물이 쌓일 경우 특히 이중턱이 두꺼워지기 쉬워요. 손가락으로 이중턱을 쥐어보면 물렁물렁한 지방이 느껴지는데 약물을 주사하거나 초음파, 고주파 의료기기로 이 지방을 분해하는 경우도 있습니다. 꾸준한 셀프 마사지로 조직액의 노폐물 배출을 촉진하는 것으로도 이중턱을 충분히 완화할 수 있으니 시도해 보세요. 먼저, 지방층의 노폐물이 하수도 역할을 하는 림프절로 옮겨지도록 밀어낸 후 피부층과 근막층을 자극해 중력에 저항하도록 마사지하면 리프팅에 도움이 됩니다.

| CHECK POINT |

• 세안 후 크림이나 오일을 도포한 상태로 시작하기(57쪽)
• 시작 전 8분 풀페이스 경락 마사지(116쪽)로 경직된 얼굴을 풀어주기
• 혀를 움직이는 뮤잉 운동(86쪽) 습관화하기

1. 목빗근 잡아당기기(8회, 8회)

목빗근을 깊게 쥐고 부드럽게 옆으로 잡아당깁니다. 위아래로 왔다 갔다 움직이는 것을 1회로 8회 정도 잡아당기면서 림프 순환과 근육 이완을 촉진합니다.

▶ 반대쪽도 동일하게 마사지합니다.

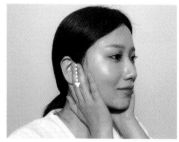

2. 이문, 청궁, 청회혈 문지르기(8회)

귀 앞 움푹 파인 곳에 이문, 청궁, 청회혈이 일렬로 분포되어 있습니다. 또한 구레나룻에는 림프절이 분포되어 있기 때문에 중지와 약지로 귀 앞과 구레나룻을 부드럽게 문지르면 턱선의 체액 순환을 촉진시켜 노폐물 배출을 돕습니다. 양손으로 8회 반복합니다.

3. 이중턱 꼰네뜨(8회, 8회)

엄지, 검지, 중지로 이중턱을 쥐고 귀 뒤를 향해 잡아당기며 근막을 자극합니다. 8회 반복하여 처진 이중턱의 탄력을 강화하고 피하지방층에 쌓인 노폐물 배출을 촉진합니다.

▶ 반대쪽도 동일하게 마사지합니다.

4. 턱선 감싸 올리기(8회, 8회)

엄지는 이중턱을 누르면서 손바닥으로 턱선을 감싸 귀 앞까지 8회 밀어올립니다. 노폐물을 귀 앞의 림프절(파로티스, 앵글루스)로 배출하는 동시에 늘어진 턱선을 리프팅 시킵니다.

▶ 반대쪽도 동일하게 마사지합니다.

5. 귀 뒤로 노폐물 배출하기(2회, 2회)

귀 앞에 모인 노폐물을 엄지를 이용하여 귀 뒤로 내려서 쇄골 위(터미누스)로 배출시킵니다. 이때 반대 손은 헤어라인을 위로 당기며 고정합니다. 2회 반복합니다.

▶ 반대쪽도 동일하게 마사지합니다.

▶ 마사지 후 물수건으로 꼭 마무리를 해주세요(58쪽).

평소 혀의 위치도 이중턱 완화에 어느 정도 영향을 미칩니다. 혀의 움직임을 '뮤잉(Mewing)'이라고 하는데 꾸준히 뮤잉 운동을 하면 턱선을 좀 더 예리하게 만들 수 있습니다. 뮤잉 운동법과 혀의 올바른 위치를 소개해 드릴게요. 이중턱 마사지도 함께 진행해 주세요.

올바른 뮤잉을 하기 위해 자세를 잡습니다. 입술은 다물었지만 위아래 치아는 살짝 뗀 상태에서 시작합니다. 그림과 같이 혓바닥 전체를 입천장에 밀착해야 하는데요. 평소 무표정일 때에도 혀의 위치가 이렇게 천장에 붙어있는 것이 혀의 뿌리 근육 강화에 좋습니다. 혀의 뿌리 근육이 강화되면서 이중턱에 자극을 주어 지방이 쌓이는 것을 완화해 주는 것이죠. 이 상태에서 혓바닥에 힘을 주어 입천장을 위로 밀어올리는 것이 바로 뮤잉 운동입니다. 아래와 같이 매일 틈날 때마다 1~2세트 진행해 주세요.

1세트 : (밀어올리기 15초 유지 + 5초 쉬기) × 3회

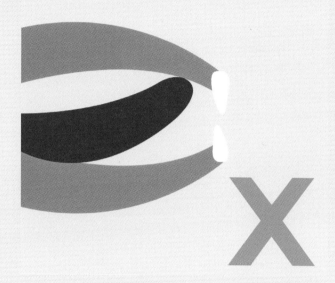

그림처럼 혀끝이 앞니 뿌리를 앞으로 밀지 않도록 주의합니다. 돌출입이 될 가능성이 있어요. 또, 혓바닥 전체가 입천장에 닿아야 혀의 뿌리 근육에 강한 자극이 전달된다는 것을 잊지 말이 주세요. 단, 혀에 계속 힘을 주면 얼얼히기나 혀끝이 따가울 수도 있으니 너무 무리하지는 않아야 합니다. 힘주어 위로 밀어올리지 않아도 혀 전체를 입천장에 대고 있는 것만으로도 이중턱을 자극할 수 있습니다.

턱선이 점점 처지고 무뎌져요 하안부

저작근은 얼굴 근육 중 가장 크고 딱딱해요. 말하고 음식을 씹을 때 저작근이 운동을 하니 자연스럽게 근육의 부피도 커지고 단단해지는 것이죠. 저작근이 딱딱하게 굳으면 턱의 부피가 증가하고, 그 위의 근막과 피부도 순환이 안 되어 주름이 지거나 처질 확률이 높습니다. 이럴 때는 딱딱해진 저작근이 부드러워지도록 이완시킨 뒤 늘어진 턱선을 중력에 저항하도록 마사지하면 리프팅에 도움이 돼요. 저작근을 마사지할 때 입으로 호흡하면 턱 근육이 힘을 잃어 턱뼈가 아래로 내려가 얼굴이 길어질 수 있으므로 반드시 코로 호흡해야 합니다.

|CHECK POINT|

• 세안 후 크림이나 오일을 도포한 상태로 시작하기(57쪽)
• 시작 전 8분 풀페이스 경락 마사지(116쪽)로 경직된 얼굴을 풀어주기
• 사각턱 보톡스 시술을 받았다면 약 한 달간 마사지 금지

1. 저작근 굴리기(30초)

양손으로 주먹을 쥐고 관절로 저작근을 지그시 누르며 30초간 천천히 원을 굴립니다.

2. 턱선 내리기(8회, 8회)

엄지는 이중턱에 나머지 네 손가락은 턱선에 놓습니다. 턱뼈를 살짝 쥐어서 귀 앞에서 턱 중앙을 향해 8회 쓸어내립니다. 피부를 먼저 역방향으로 내린 뒤, 다음 단계에 순방향으로 끌어 올려주면 리프팅에 더욱 효과적입니다.

▶ 반대쪽도 동일하게 마사지합니다.

3. 턱선 감싸 올리기(8회, 8회)

엄지는 이중턱을 자극하면서 손바닥으로 턱선을 감싸 귀 앞까지 8회 밀어올립니다. 노폐물을 귀 앞의 림프절(파로티스, 앵글루스)로 배출하는 동시에 늘어진 턱선을 리프팅 시킵니다.

▶ 반대쪽도 동일하게 마사지합니다.

4. 귀 뒤로 노폐물 배출하기(2회, 2회)

귀 앞에 모인 노폐물을 엄지를 이용하여 귀 뒤로 내려서 쇄골 위(터미누스)로 배출시킵니다. 이때 반대 손은 헤어라인을 위로 당기며 고정하는데 이렇게 하면 노폐물 배출과 턱선의 리프팅에 모두 도움이 됩니다. 2회 반복합니다.

▶ 반대쪽도 동일하게 마사지합니다.

5. 턱선 수직으로 올리기(8회, 8회)

처진 볼살 아래에서 광대를 향해 수직으로 끌어올립니다. 양손을 모두 쓸어올리는 것을 1회로 8회 반복합니다.

▶ 반대쪽도 동일하게 마사지합니다.
▶ 마사지 후 물수건으로 꼭 마무리를 해주세요(58쪽).

4 입꼬리가 내려가서 화나 보여요 하안부

입꼬리를 올리는 가장 효과적인 방법은 은근한 미소입니다. 무표정일 때에도 입꼬리가 처져 보이지 않는 상태를 유지하려면 입가의 근육과 피부를 함께 꾸준히 마사지하면 좋아요. 입꼬리를 기준으로 위아래 근육을 이완하는 마사지를 해주면 처짐을 예방하거나 완화하는 데 도움이 됩니다. 양쪽 입꼬리 아래로는 입꼬리내림근과 넓은목근이 이어지며, 특히 넓은목근은 입꼬리에서 목의 옆면을 덮고 쇄골까지 이어집니다. 따라서 구부정한 자세로 앉거나 장시간 고개를 숙이고 있으면, 넓은목근이 굳어져 입가 피부를 아래로 처지게 잡아당깁니다. 마사지를 통해서 입가의 혈점과 근육을 풀어주면 입꼬리 처짐은 물론 인중과 입가 주름까지 예방 및 완화할 수 있답니다.

|CHECK POINT|

- 세안 후 크림이나 오일을 도포한 상태로 시작하기(57쪽)
- 워밍업 마사지의 3단계인 두피 마사지(65쪽)를 반드시 진행한 후 마사지하기
- 워밍업 후 8분 풀페이스 경락 마사지(116쪽)로 경직된 얼굴을 풀어주기

1. 턱 중앙 문지르기(10회)

아랫입술과 턱 사이 움푹 파인 곳에 승장혈이 있습니다. 이 부위에 손가락을 넣고 옆으로 문지릅니다. 양손을 모두 문지르는 것을 1회로 10회 문지르며 승장혈을 자극하는 동시에 턱 근육을 이완합니다. 노화가 진행되면 턱 중앙 근육이 수축하여 턱 끝이 뭉뚝해지며 처진 입꼬리가 더 부각되어 보이기도 합니다.

2. 광대근 주무르기(30초, 30초)

손을 씻은 뒤 엄지를 윗입술 안으로 넣어 광대근을 앞으로 밀어냅니다. 동시에 중지로 광대근을 30초간 주무르면 근육이 리프팅 되어 순간적으로 입꼬리가 올라가는 효과가 있습니다. 더 나아가 볼살의 리프팅과 팔자주름 완화에도 도움이 됩니다.

▶ 반대쪽도 동일하게 마사지합니다.

3. 입꼬리 위로 올리기(8회)

양손으로 입꼬리에서 콧구멍 옆이 영향혈까지 팔자주름을 따라 8회 밀어올립니다. 혈점과 근막을 자극하면 입꼬리 처짐을 예방 및 완화할 수 있습니다.

4. 입꼬리 사선으로 올리기(8회, 8회)

입꼬리에서 헤어라인까지 밀어올리는 리프팅 동작을 8회 반복합니다.

▶ 반대쪽도 동일하게 마사지합니다.

▶ 마사지 후 물수건으로 꼭 마무리를 해주세요(58쪽).

5 불독살 때문에 심술 맞아 보여요 하안부

불독살 또는 심술보라고 불리는 처진 볼살은 길게 뻗어 있는 큰 심부지방 주머니입니다. 심부지방을 지지하는 근막과 피부의 탄력이 떨어지면서 무거운 지방이 점점 아래로 처지게 되죠. 봉긋한 광대와 탱탱한 볼살은 동안의 상징이지만, 턱 밑까지 내려온 불독살은 사람을 심술 맞아 보이게 합니다. 노화로 인해 피부는 얇아지고 불독살이 더 처지면, 턱과 볼의 경계가 깊어지며 입꼬리 옆에 마리오네트 주름까지 생깁니다. 불독살 주변의 혈점을 자극하고 심부볼 지방과 피부가 리프팅 되도록 마사지하면 피부와 근육이 제 기능을 찾으면서 볼살 처짐을 예방 및 완화할 수 있습니다.

| CHECK POINT |

- 세안 후 크림이나 오일을 도포한 상태로 시작하기(57쪽)
- 시작 전 8분 풀페이스 경락 마사지(116쪽)로 경직된 얼굴을 풀어주기
- 랩을 이용한 지방 재배치 마사지(94쪽)로 효과 극대화하기

1. 턱 중앙 문지르기(10회)

아랫입술과 턱 사이 움푹 파인 곳에 승장혈이 있습니다. 이 부위에 손가락을 넣고 옆으로 문지릅니다. 양손을 모두 문지르는 것을 1회로 10회 문지르며 승장혈을 자극하는 동시에 턱 근육을 이완합니다. 노화가 진행되면 턱 중앙 근육이 수축하여 턱 끝이 뭉뚝해지며 심부볼 처짐이 더 부각되어 보이기도 합니다.

2. 심부볼 꼰네뜨(8회, 8회)

한쪽씩 심부볼을 쥐고 귀 앞을 향해 주무르며 올립니다. 8회 반복합니다. 심부지방에 쌓인 노폐물을 배출하는 동시에 근막을 자극하여 탄력의 회복을 돕습니다.

▶ 반대쪽도 동일하게 마사지합니다.

3. 턱선 감싸 올리기(8회, 8회)

엄지는 이중턱을 자극하면서 손바닥으로 턱선을 감싸 귀 앞까지 8회 밀어올립니다. 노폐물을 귀 앞의 림프절(파로티스, 앵글루스)로 배출하는 동시에 늘어진 턱선을 리프팅 시킵니다.

▶ 반대쪽도 동일하게 마사지합니다.

4. 귀 앞으로 노폐물 배출하기(2회, 2회)

반대 손으로 헤어라인을 고정한 채 귀 앞에 모인 노폐물을 아래로 내려 쇄골 위(터미누스)로 배출시킵니다. 2회 반복합니다.

▶ 반대쪽도 동일하게 마사지합니다.

▶ 마사지 후 물수건으로 꼭 마무리를 해주세요(58쪽).

볼 처짐 개선을 조금 더 극대화하기 위해서 랩이나 얇은 밀대를 사용해 볼을 밀어주는 마사지를 함께해 주면 더욱 좋습니다. 손으로 밀어도 되지만 도구를 사용하는 것이 좀 더 동작을 진행하기에 편합니다. 앞 페이지의 마사지를 다 한 후 마무리 단계에서 해줘도 되고, 평소에 단독으로 진행해도 됩니다.

1. 처진 볼 아래에 랩을 대고 위쪽으로 10회 이상 밀어주세요.

▶ 반대쪽도 동일하게 마사지합니다.

2. 이번엔 밖에서 안쪽으로 10회 이상 밀어주세요.

▶ 반대쪽도 동일하게 마사지합니다.

랩이나 도구를 사용하기 번거로울 때는 아래 사진과 같이 팔 안쪽을 이용하면 편합니다. 팔 안쪽은 피하지방이 두꺼운 편이라 쿠션감이 느껴지고 살결이 부드러워 얼굴에 대고 마사지하기에 적합합니다. 또한 손바닥처럼 미열감이 없어서 얼굴에 댔을 때 시원한 느낌도 줍니다. 역시 앞 페이지의 마사지를 다 한 후 마무리 단계에서 해줘도 되고, 평소에 단독으로 진행해도 됩니다.

6 팔자주름이 깊어져서 나이 들어 보여요 중안부

코 옆 양쪽부터 입꼬리로 내려오는 팔(八)자주름은 웃거나 입을 벌릴 때 자연스럽게 생기는 주름입니다. 음식을 먹을 때, 표정을 지을 때, 말할 때 등 입은 얼굴에서 가장 많이 움직이는 부위이기 때문에 팔자주름은 나이가 들수록 점점 더 깊어질 수밖에 없습니다. 팔자주름이 움직일 때마다 주름을 메우던 피하지방이 조금씩 줄어드는데 이는 근육 운동을 할 때 근육을 많이 사용하면 그 위의 피하지방이 연소되는 것과 같은 원리입니다. 마사지를 꾸준히 하면 볼과 인중의 깊은 경계와 표피층의 잔주름을 완화할 수 있습니다.

┃CHECK POINT┃

- 세안 후 크림이나 오일을 도포한 상태로 시작하기(57쪽)
- 시작 전 8분 풀페이스 경락 마사지(116쪽)로 경직된 얼굴을 풀어주기
- 한쪽으로 음식을 씹거나, 한쪽으로 누워 자는 습관이 있어 유독 팔자주름이 깊은 쪽이 있다면 해당 부위는 2배 많은 횟수로 마사지하기

1. 팔자주름 주무르기(30초, 30초)

손을 씻은 뒤 윗입술 안으로 엄지를 넣어 팔자주름을 앞으로 밀어냅니다. 동시에 중지로 팔자주름을 30초간 주무르면 순간적으로 주름이 완화되는 효과가 있습니다. 이 동작은 입꼬리 리프팅에도 도움이 됩니다.

▶ 반대쪽도 동일하게 마사지합니다.

2. 팔자주름 꼰네뜨(8회, 8회)

엄지와 중지로 팔자주름을 가로 방향으로 쥐어 잡아당기면서 근막을 자극합니다. 정체되어 있는 근육과 피부를 자극해야 주름이 더 깊어지지 않습니다. 8회 반복합니다.

▶ 반대쪽도 동일하게 마사지합니다.

3. 팔자주름 사선으로 밀어올리기 (8회, 8회)

중지와 약지로 팔자주름부터 헤어라인까지 사선으로 8회 밀어올려 리프팅을 돕습니다.

▶ 반대쪽도 동일하게 마사지합니다.

4. 귀 앞으로 노폐물 배출하기 (2회, 2회)

반대 손으로 헤어라인을 고정한 채 귀 앞에 모인 노폐물을 아래로 내려 쇄골 위(터미누스)로 배출시킵니다. 2회 반복합니다.

▶ 반대쪽도 동일하게 마사지합니다.

▶ 마사지 후 물수건으로 꼭 마무리를 해주세요(58쪽).

7 광대가 넓고 처져서 얼굴이 커 보여요 중안부

얼굴의 중심인 광대가 넓거나 처져 있다면 얼굴이 더 크고 길어 보입니다. 이럴 때는 처진 광대를 리프팅 하고, 좌우로 도드라진 옆광대를 얼굴 중앙을 향해 마사지해야 합니다. 처진 광대와 도드라진 옆광대 이 두 가지 중 하나만 갖고 있더라도 리프팅과 얼굴 중앙을 향한 마사지 모두 해주는 것을 추천합니다. 광대의 근육은 모두 연결되어 있기에 사방에서 근육을 풀어주어야 효과적이기 때문입니다. 현재는 별문제가 없더라도 노화에 의해 발생할 문제를 미리 예방해둔다고 생각하고 광대 사방을 꾸준히 마사지해 주세요.

❚CHECK POINT❚

- 세안 후 크림이나 오일을 도포한 상태로 시작하기(57쪽)
- 워밍업 마사지의 3단계인 두피 마사지(65쪽)를 반드시 진행한 후 마사지하기
- 워밍업 후 8분 풀페이스 경락 마사지(116쪽)로 경직된 얼굴을 풀어준 후 마사지하기
- 측두근을 풀어주는 동작(100쪽)을 습관화하기

1. 옆광대 굴리기(20초)

양손으로 주먹을 쥐고 관절로 옆광대를 지그시 누르며 20초간 천천히 원을 굴립니다. 굳은 표정과 광대 근육을 이완하는 동작인데 앞볼을 주먹으로 굴리면 자극적일 수 있으니 옆부분만 문지릅니다.

2. 광대근 내리기(8회, 8회)

옆광대에 손끝을 대고 작은 원을 굴리며 수직으로 내려옵니다. 관자놀이부터 입꼬리까지 사선으로 위치한 광대근이 발달하면 옆광대가 툭 튀어나와 중안부가 넓어 보일 수 있습니다. 이 과정을 통해 완화시켜주세요.

▶ 반대쪽도 동일하게 마사지합니다.

3. 콧구멍 옆(영향혈)에서 밀어올리기 (8회, 8회)

영향혈에서 광대뼈 밑에 분포된 거료, 관료혈을 지나 헤어라인까지 8회 밀어올립니다. 혈점을 자극하며 밀어올리면 중간에 스치는 소·대광대근이 이완되면서 광대 리프팅의 효과를 볼 수 있습니다. 반대 손은 헤어라인을 살짝 위로 당기며 지지합니다.

▶ 반대쪽도 동일하게 마사지합니다.

4. 코벽 중간(비통혈)에서 밀어올리기 (8회, 8회)

코벽 중간(비통혈)에서 사백혈을 지나 헤어라인까지 8회 밀어올립니다. 앞볼의 리프팅에 도움이 되며 반대 손은 헤어라인을 위로 살짝 당기며 지지해야 리프팅의 효과가 커집니다.

▶ 반대쪽도 동일하게 마사지합니다.

5. 귀 앞으로 노폐물 배출하기(2회, 2회)

반대 손으로 헤어라인을 고정한 채 귀 앞에 모인 노폐물을 아래로 내려 쇄골 위(터미누스)로 배출시킵니다. 2회 반복합니다.

▶ 반대쪽도 동일하게 마사지합니다.

▶ 마사지 후 물수건으로 꼭 마무리를 해주세요(58쪽).

광대 근육은 측두근(두피 옆면 근육)과 연결되어 있습니다. 광대 마사지를 하기 전에는 워밍업 마사지의 3단계인 두피 마사지(65쪽)를 생략하지 말아주세요.

평소에 광대 마사지와 상관없이 쉬거나 TV를 볼 때에도 측두근을 풀어주는 습관을 가지면 좋습니다. 주먹을 쥐고 관절로 측두근을 5분 정도 롤링하면 됩니다. 괄사로 진행하고 싶다면 손잡이가 길고 두툼한 스톤 괄사를 선택하세요. 납작하고 딱딱한 일반 괄사는 근육을 깊이 자극하지 못할뿐더러 두피에 자극이 될 수 있습니다. 옆으로 누워서 테니스볼을 베고 고개를 좌우로 움직여 근육을 이완하는 방법도 있습니다.

▲ 보라색 부분-측두근, 빨간색 부분-광대근

얼굴이 심하게 붓거나 급작스럽게 살이 찐 것 같다면 QR코드 내 '3일 안에 볼살 부수기' 영상을 참고하여 응급 처방을 해주세요. 3일 동안 이 마사지를 매일 진행한다면 볼의 부기를 완화할 수 있습니다.

코 끝이 처지고 콧등에 잔주름이 늘어나요 중안부

나이가 들면 얼굴 윤곽뿐만 아니라 코 끝도 처집니다. 코 끝은 뼈 대신 연골이 지지하고 그 위에 두꺼운 섬유조직이 누르고 있기 때문에 쉽게 처지는 편이에요. 웃거나 찡그리는 등의 표정을 지을 때도 자극이 가고 자외선의 침투로 인해서도 콧등에 주름이 집니다. 이러한 현상들을 예방 및 완화하기 위해 코 주변을 꾸준히 마사지해 주세요. 코 마사지를 한다고 해서 코 뼈가 자라나 콧대가 높아지진 않습니다. 코에도 근육과 피부가 붙어 있으니 다른 부위와 마찬가지로 마사지를 하면 주변 근육이 이완되고 피부 리프팅 효과를 얻게 돼 코 끝 처짐과 주름을 완화할 수 있는 것입니다. 또한 체액 순환이 촉진돼 코가 뻥 뚫리는 시원한 느낌이 들기도 해요.

| CHECK POINT |

- 세안 후 크림이나 오일을 도포한 상태로 시작하기(57쪽)
- 시작 전 8분 풀페이스 경락 마사지(116쪽)로 경직된 얼굴을 풀어주기
- 필러, 실리프팅, 실리콘 주입 등의 시술을 받았다면 마사지 지양하기

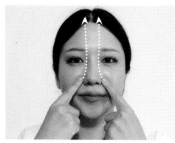

1. 인중 스트레칭(20초)

코 끝과 인중의 경계에 엄지를 대고 입을 오므려 인중을 늘려줍니다. 인중을 지나는 입둘레근이 굳으면 연결된 코 끝도 처질 가능성이 높아지므로 근육을 유연하게 해줘야 합니다. 이 동작으로 인해 인중이 길어지지는 않으니 걱정하지 말고 20초간 스트레칭합니다.

2. 코 양옆 올리기(8회)

손끝으로 콧구멍 옆(영향혈)부터 헤어라인까지 일직선으로 밀어올립니다. 콧구멍이 처지는 것을 예방하고 혈점을 자극하여 체액 순환을 촉진해 주는 동작으로, 코가 시원해지는 느낌이 듭니다.

3. 콧대 문지르기(8회)

콧대에는 비근이 있습니다. 크게 웃거나 인상을 쓰는 습관으로 비근이 움직여 콧대 주름을 유발할 수도 있습니다. 비근을 미간까지 8회 밀어올립니다.

4. 코 끝 조이기(8회)

양손 검지 끝으로 콧구멍을 적당히 조이며 3초간 유지하고 2초간 쉬기를 1회로 8회 반복합니다. 이 동작을 하면 피지 분비가 촉진되므로 휴지를 대고 조이면 미끈거리지 않습니다.

▶ 반대쪽도 동일하게 마사지합니다.

▶ 마사지 후 물수건으로 꼭 마무리를 해주세요(58쪽).

9 다크서클과 눈 밑 주름 때문에 피곤해 보여요 상안부

다크서클과 눈 밑 주름은 동일한 마사지 방법으로 완화 및 예방할 수 있어요. 다크서클은 눈 밑 부분이 그늘진 것처럼 검푸르게 보이는 현상인데, 눈 밑의 혈관이 확장되거나 혈액 순환이 원활하지 않아 혈액이 정체될 때 발생합니다. 수면 부족이나 월경 전후, 과로 등의 원인으로 더 심해진답니다. 눈가 피부는 다른 부위보다 더 얇다는 인식 때문에 마사지를 하면 주름이 더 많아질까 염려하는 분들이 있는데요, 아이크림 또는 오일을 도포한 후 마사지를 한다면 피부가 당기지 않으니 걱정하지 않아도 됩니다. 주름 완화에 유효 성분이 함유된 제품을 사용하는 것도 효과적인 방법입니다. 마사지를 하면 혈액 순환이 촉진되어 다크서클 완화를 돕는 동시에, 피부 조직의 유착을 막아 눈가가 더 얇아지는 것을 막아줘 탄력 있고 환한 눈가를 만들 수 있답니다.

| CHECK POINT |

- 세안 후 크림이나 오일을 도포한 상태로 시작하기(57쪽)
- 시작 전 8분 풀페이스 경락 마사지(116쪽)로 경직된 얼굴을 풀어주기
- 따뜻한 스톤 괄사로 혈액 순환을 촉진해 효과 극대화하기(106쪽)

1. 안곽 원굴리기(8회)

양손을 관자놀이에 대고 광대뼈 아래 →
코 옆 → 눈썹 → 관자놀이를 향해 밖에
서 안으로 원을 8회 그립니다. 안곽의
다양한 혈점을 자극하며 근육을 이완시
킵니다.

2. 눈가 노폐물 배출하기 1단계(1회)

반대 손으로 이마를 살짝 들어 올려 고
정합니다. 중지와 약지 끝으로 눈썹 앞
머리부터 관자놀이 → 광대뼈 밑 → 코 옆
→ 눈썹 앞머리를 향해 천천히 원을 굴립
니다. 한쪽만 1회 진행 후 다음 동작으로
넘어갑니다.

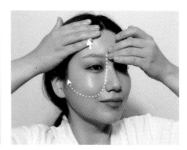

3. 눈가 노폐물 배출하기 2단계(1회)

반대 손으로 이마를 살짝 들어 올려 고
정합니다. 중지와 약지 끝으로 눈썹 앞머
리부터 코 옆 → 광대뼈 밑 → 구레나룻까
지 반원을 그립니다. 한쪽만 1회 진행 후
다음 동작으로 넘어갑니다.

4. 눈가 노폐물 배출하기 3단계(1회)

한 손으로 관자놀이를 살짝 들어 올려
고정합니다. 반대 손으로 구레나룻에 모
인 독소를 쇄골 위(터미누스)까지 1회 배
출시킵니다.

▶ 이제 눈가 노폐물 배출하기 1, 2, 3단계(과
정 2~4)를 이어서 총 5세트 반복합니다. 반
대쪽도 동일하게 반복합니다.

5. 눈 밑 밀어올리기(8회, 8회)

눈 밑에서 헤어라인까지 8회 밀어올리
며 정명, 승읍, 사백, 동자료, 태양혈을 동
시에 자극합니다. 눈가의 혈액 순환을 촉
진해야 다크서클을 완화할 수 있습니다.

▶ 반대쪽도 동일하게 마사지합니다.

▶ 마사지 후 물수건으로 꼭 마무리를 해주
세요(58쪽).

TIP | 따뜻한 스톤 괄사 마사지

다크서클은 혈액 순환의 정체가 가장 큰 원인입니다. 혈액 순환을 촉진하기 위해 손을 비빈 뒤 손바닥으로 눈을 덮어 따뜻하게 해주거나 따뜻한 스팀 타월을 1분 정도 올려 두는 습관을 가져보세요. 좀 더 적극적으로 관리하고 싶다면 작은 스톤 괄사를 뜨거운 물에 데워서 따뜻한 온도로 마사지하는 것도 좋습니다. 스톤 괄사가 없다면 세라믹 티스푼으로 대체해도 됩니다. 참고로 스테인리스 재질의 티스푼은 날카롭고 얇아서 마사지에 적절하지 않습니다.

따뜻한 온도로 혈류량을 늘리면 피부 세포도 모세혈관벽을 통해 뿜어져 나온 영양분을 흡수해 결과적으로 피부 신진대사가 원활해집니다. 다크서클 개선뿐만 아니라 눈가 피부의 탄력 회복에도 도움이 된답니다. 단, 눈가는 다른 부위보다 더 예민하기 때문에 너무 뜨겁지 않게, 따뜻하게 온도를 맞춰주세요.

1. 스톤 괄사 데우기(1분)

스톤 괄사를 따뜻한 물에 1분 동안 담가 적절하게 데웁니다. 너무 뜨겁지 않은지 팔 안쪽에 괄사를 대고 온도를 확인한 뒤 마사지를 시작합니다. 눈가의 피부는 다른 부위에 비해 얇기 때문에 스톤 괄사가 너무 뜨거우면 피부에 자극을 주니 주의해 주세요.

2. 관자놀이 밀어내기(10회)

관자놀이는 태양혈이자 템포라리스라는 림프절이 위치한 곳입니다. 이 부위에 스톤 괄사를 대고 헤어라인을 향해 10회 문지릅니다. 눈가에 쌓인 노폐물을 따뜻하게 자극하며 마사지를 시작합니다.

3. 눈 앞 혈점 자극하기(10회)

콧구멍 옆(영향혈)부터 눈썹 앞머리(찬죽혈)까지 위를 향해 밀어올립니다. 이 과정에서 중간중간 비통혈과 정명혈까지 자극되기에 코가 뻥 뚫리고 눈의 피로가 해소되는 느낌이 듭니다.

4. 눈썹 밀어내기(10회)

눈썹 앞머리부터 관자놀이까지 부드럽게 10회 밀어냅니다. 눈썹 혈점을 자극하면 눈의 피로가 풀리면서 시원한 느낌이 들고, 눈두덩이 부종도 완화됩니다.

5. 눈 밑 밀어내기(10회)

눈 밑부터 관자놀이를 향해 부드럽게 10회 밀어냅니다. 눈 밑 혈점을 자극하고 림프 순환을 촉진시켜 다크서클과 부종 완화에 도움을 주는 과정입니다.

6. 터미누스를 향해 쓸어내리기(2회)

관자놀이로 운반된 노폐물이 터미누스로 배출되도록 2회 쓸어내립니다. 천천히 지그시 내려야 노폐물이 효과적으로 배출됩니다.

10 눈썹의 높낮이가 맞지 않아요 상안부

우리는 표정을 지을 때 이마 근육과 안륜근(눈가 근육)을 좌우 동일하게 사용하지 않을 확률이 높습니다. 한쪽 눈썹을 더 자주 올리는 습관이 있을 수도 있고, 미간을 좁힐 때 한쪽 안륜근을 더 많이 움직일 수도 있죠. 그래서 어릴 때는 눈썹의 수평이 대부분 잘 맞지만 나이가 들면서 점점 비대칭으로 변합니다. 사람들은 보통 한쪽으로 음식을 더 많이 씹는데 이때 한쪽 측두근(두피 옆면 근육)과 저작근을 더 많이 사용하면서 턱 근육이 커지거나 눈가가 더 올라갑니다. 측두근이 움직이면서 눈썹과 광대의 근육과 피부를 당기기 때문이죠. 따라서 눈과 턱의 비대칭을 완화하려면 음식을 양쪽으로 골고루 씹는 습관이 중요하답니다. 작은 습관과 꾸준한 마사지를 통해 비대칭을 완화해 보세요.

| CHECK POINT |

- 세안 후 크림이나 오일을 도포한 상태로 시작하기(57쪽)
- 워밍업 마사지의 3단계인 두피 마사지(65쪽)를 반드시 진행한 후 마사지하기
- 워밍업 후 8분 풀페이스 경락 마사지(116쪽)로 경직된 얼굴을 풀어주기

눈가 내리기

1. 측두근 굴리며 내리기(8회, 8회)

손가락 4개를 이용해 측두근에서 옆광대를 향해 아래로 원을 굴리며 내려가기를 8회 반복합니다. 눈가의 근육은 측두근과 광대근 사이에 위치하기 때문에 연결된 근육을 전체적으로 내려줘야 합니다.

▶ 반대쪽도 동일하게 마사지합니다.

2. 눈썹 근육 내리기(20초, 20초)

손바닥을 눈썹에 대고 눈이 반쯤 감길 정도로 지그시 내려 누릅니다. 이때 눈이 자연스레 감기더라도 눈썹 근육에는 힘을 주어 눈을 뜨도록 노력합니다. 위에서 내리는 힘과 스스로 눈썹을 올리는 힘이 상충하면 눈썹 근육이 내려가는 데 도움이 되기 때문이에요. 20초 정도 반복해 주세요. 중간에 눈을 깜박이거나 살짝 쉬었다가 다시 이어가도 됩니다.

▶ 반대쪽도 동일하게 마사지합니다.

3. 광대근 굴리며 내리기(8회, 8회)

중지와 약지로 관자놀이부터 턱을 향해 수직으로 원을 굴리며 천천히 내려옵니다. 8회 반복합니다.

▶ 반대쪽도 동일하게 마사지합니다.

눈가 올리기

1. 측두근 굴리며 올리기(8회, 8회)

손끝을 측두근에 대고 뒤통수를 향해 원을 굴리며 올립니다. 8회 반복합니다. 측두근을 올려야 눈가 근육도 따라 올라갈 수 있습니다.

▶ 반대쪽도 동일하게 마사지합니다.

2. 눈썹과 이마 밀어올리기(8회, 8회)

반대편 손으로 헤어라인을 잡고 눈썹부터 이마를 지나 헤어라인까지 8회 밀어올립니다. 헤어라인 부근에서 손끝의 힘을 놓지 않고 꾹 눌러주면 리프팅에 더욱 도움이 됩니다.

▶ 반대쪽도 동일하게 마사지합니다.

3. 옆광대 올리기(8회, 8회)

손가락 2~3개를 옆광대에 대고 헤어라인까지 수직으로 원을 굴리며 올립니다. 8회 반복합니다. 광대가 처지면 눈가도 처질 수 있으니 함께 리프팅 합니다.

▶ 반대쪽도 동일하게 마사지합니다.

4. 눈 밑 밀어올리기(8회, 8회)

눈 밑에서 헤어라인까지 8회 밀어올리며 눈가를 리프팅 합니다. 반대 손은 눈 밑에 고정해 주세요.

▶ 반대쪽도 동일하게 마사지합니다.

5. 관자놀이 밀어올리기(8회, 8회)

손바닥으로 관자놀이부터 헤어라인까지 밀어올리며 리프팅 된 눈가를 고정합니다. 8회 반복합니다.

▶ 반대쪽도 동일하게 마사지합니다.

▶ 마사지 후 물수건으로 꼭 마무리를 해주세요(58쪽).

미간 주름 때문에 고집이 세 보여요 상안부

'진실의 미간'이라는 말이 있죠. 미간 근육은 희로애락의 감정 표현에 많이 사용되기에 미간을 통해 진실한 감정이 드러난다는 뜻이에요. 미간 근육은 세로로 기다란 부채꼴 형태인데 이 근육을 많이 사용하면 주름이 깊게 생깁니다. 특히 말을 많이 하는 직업을 가졌다면 표정으로 메시지를 더 강력하게 전달하고 싶은 마음에 미간과 이마 근육을 자연스레 많이 사용할 거예요. 이런 습관이 생기면 주름이 점점 깊어지는 건 시간문제입니다. 꾸준한 마사지를 통해 근육과 피부를 펴주면서 주름을 깊어지지 않게 관리해 좋은 인상을 가꾸어 보세요.

┃CHECK POINT┃

- 세안 후 크림이나 오일을 도포한 상태로 시작하기(57쪽)
- 워밍업 마사지의 3단계인 두피 마사지(65쪽)를 반드시 진행한 후 마사지하기
- 워밍업 후 8분 풀페이스 경락 마사지(116쪽)로 경직된 얼굴을 풀어주기
- 이마 마사지(114쪽)를 연이어 해주어 효과 극대화하기

112

1. 미간 원 굴리기(30초)

주먹을 쥐고 미간을 지그시 누른 채 30초간 천천히 원을 굴립니다. 굳어있는 추미근(눈썹 사이의 이마 근육)을 이완해야 주름을 완화할 수 있습니다.

2. 미간 주무르기(8회)

미간 피부를 깊게 쥐고 앞으로 잡아당깁니다. 8회 반복합니다. 근막을 자극하고 혈액 순환을 촉진합니다.

3. 미간 X자 교차하기(8회)

중지와 약지로 눈썹 앞머리부터 사선 위쪽으로 근육을 밀어올립니다. 양손으로 X자를 그리는 것을 1회로 8회 반복하여 추미근을 이완합니다.

4. 미간 가로로 펴기(8회)

눈썹과 이마의 절반 정도가 포함되도록 손을 위치시킵니다. 반대쪽 이마 끝에서 관자놀이로 한 손을 끌어당기고, 반대 손도 똑같은 동작을 취해줍니다. 양손을 모두 문지르는 것을 1회로 8회 반복하여 미간 주름을 펴주는 동시에 노폐물을 관자놀이로 배출시킵니다.

5. 관자놀이 노폐물 배출하기(2회)

양손 끝을 관자놀이에 대고 작은 원을 2회 정도 굴립니다. 그대로 천천히 턱 끝으로 내려와 귀 뒤로 연결합니다. 귀 뒤에서 다시 작은 원을 2회 정도 굴린 뒤 목선을 따라서 쇄골 위(터미누스)로 노폐물을 배출시킵니다. 2회 반복합니다.

▶ 마사지 후 물수건으로 꼭 마무리를 해주세요(58쪽).

이마 주름 때문에 볼륨감이 없어 보여요 상안부

이마를 두 갈래로 뒤덮은 전두근(머리뼈를 덮고 있는 앞쪽 근육)은 두피로 넘어가 뒤통수의 후두근(머리뼈를 덮고 있는 뒤쪽 근육)까지 이어집니다. 후두근은 뒷목 근육과 이어지고, 뒷목 근육은 등 근육과 이어집니다. 이렇게 근육은 서로 연결돼 있기 때문에 등 마사지만 꾸준히 해도 이마가 리프팅 되는 효과가 있습니다. 뒤통수와 정수리 헤어라인을 포함한 두피 마사지를 해도 이마와 눈썹의 리프팅에 효과가 좋고요. 마지막에 이마의 전두근까지 마사지해 주면 리프팅 효과가 더 크답니다. 눈썹을 추켜올리면 전두근의 작용으로 이마가 올라가며 가로 주름이 지는데요. 눈을 뜰 때는 이마 근육의 힘으로 들어 올리지 않는 습관이 무엇보다 중요합니다. 이마의 전두근은 양 갈래로 나뉘지만 면적이 꽤 넓기 때문에 근육을 섬세하게 좁은 부위로 나눠 풀어준 후 마지막에 전체 근육을 풀어주는 방법으로 마사지를 진행합니다.

|CHECK POINT|

- 세안 후 크림이나 오일을 도포한 상태로 시작하기(57쪽)
- 워밍업 마사지의 3단계인 두피 마사지(65쪽)를 반드시 진행한 후 마사지하기
- 워밍업 후 8분 풀페이스 경락 마사지(116쪽)로 경직된 얼굴을 풀어주기
- 미간 마사지(112쪽)를 먼저 한 후 마사지해 효과 극대화하기

1. 이마 원 굴리기(30초)

주먹을 쥐고 30초간 이마에 천천히 원을 굴립니다. 굳어있는 이마 근육을 이완해야 주름을 완화할 수 있습니다.

2. 이마에 지그재그 무늬 그리기(1회)

이마를 세로로 3등분하여 아래에서 위로 올라가며 약간 빠르게 지그재그를 그립니다. 이때, 한쪽 손으로는 헤어라인을 살짝 당겨 이마를 평평한 상태로 만듭니다. 세 면 모두 1회씩 진행합니다.

3. 이마에 X자 교차하기(8회)

눈썹에서 반대쪽 이마 끝을 향해 대각선으로 밀어올립니다. 양손을 모두 문지르는 것을 1회로 8회 반복하여 이마 전체의 근막을 자극합니다.

4. 이마 위로 밀어올리기(8회)

눈썹을 포함하여 이마 전체를 헤어라인까지 밀어올립니다. 양손을 모두 문지르는 것을 1회로 8회 반복하며 주름을 펴고 처진 이마를 리프팅 합니다.

5. 이마 쓸어내리기(8회)

반대쪽 이마 끝에서 관자놀이로 한 손을 끌어당기고, 반대 손으로도 똑같은 동작을 진행합니다. 양손을 모두 문지르는 것을 1회로 8회 반복합니다. 미간 주름을 펴주는 동시에 노폐물을 관자놀이로 배출합니다.

6. 관자놀이 노폐물 배출하기(2회)

양손 끝을 관자놀이에 대고 작은 원을 2회 정도 굴립니다. 그대로 천천히 턱 끝으로 내려와 귀 뒤로 연결합니다. 귀 뒤에서 다시 작은 원을 2회 정도 굴린 뒤 목선을 따라서 쇄골 위(터미누스)로 노폐물을 배출시킵니다. 2회 반복합니다.

▶ 마사지 후 물수건으로 꼭 마무리를 해주세요(58쪽).

데일리 8분 풀페이스 경락 마사지

 셀프 경락 마사지를 매일같이 20~30분씩 풀코스로 한다는 것은 바쁜 현대인에게 꽤 어려운 일일 수 있습니다. 하지만 우리의 피부는 매일 조금씩 노화가 진행됩니다. 피부와 근막을 가만히 두면 체액이 정체되어 고이게 되고, 피부 조직과 세포도 고인물 안에서 살아가는 격이 됩니다. 이 고인물 안에는 하루 종일 호흡기를 통해 침투한 바이러스와 죽은 세포의 시체, 염증 등이 혼합되어 있습니다. 피부와 근육 사이를 덮고 있는 얇은 근막도 저녁이면 하루 종일 피부층을 지지하느라 지친 상태가 되는데요. 근막의 힘이 강하지 못하면 피부는 중력에 의해 아래로 처지게 됩니다.

따라서 그날 쌓인 피부 노폐물은 그날 배출시켜 주는 것이 가장 좋습니다. 여유가 없거나 컨디션이 좋지 않은 날이라도 5~10분씩 노폐물 배출과 중력 저항에 도움이 되는 간편한 마사지를 꾸준히 하는 것이 중요합니다. 식사 후 바로바로 설거지를 하여 쌓아두지 않는 습관을 들이는 것처럼 귀찮아도 자연스레 실천하는 좋은 습관 하나를 만들어 보는 건 어떨까요? 본 페이지에서는 여유가 없을 때 간편하게 하기 좋은 8분 풀페이스 경락 마사지를 소개해 드릴게요. 마사지를 건너 뛰고 싶은 충동이 든다면 딱 이 마사지만 진행해도 좋습니다.

▶ 세안 후 크림이나 오일을 도포한 상태로 시작하세요(57쪽).

① 두피 옆면(측두근) 문지르기(20초)

양손으로 주먹을 쥔 채 손가락 관절로 측두근을 20초간 풀어줍니다. 넓게 분포된 측두근에 원을 굴리면 울퉁불퉁한 근육이 느껴지며, 시원한 통증이 느껴질 수도 있습니다. 혈액 순환을 촉진하며 측두근과 함께 연결된 얼굴 근육도 유연하게 만듭니다.

② 목빗근 잡아당기기(8회, 8회)

목빗근을 깊게 쥐고 부드럽게 옆으로 잡아당깁니다. 위아래로 왔다 갔다 8회 정도 당기면서 림프 순환과 근육 이완을 촉진합니다.

▶ 반대쪽도 동일하게 마사지합니다.

③ 목 아래로 쓰다듬기(10회)

목을 절반으로 나누어 손바닥으로 부드럽게 내리며 림프 순환을 촉진합니다. 양손을 모두 문지르는 것을 1회로 5회 반복하여 쓸어내립니다. 양쪽 모두 합쳐 10회를 진행합니다.

④ 목 위로 쓸어올리기(15회)

목을 세로로 세 면으로 나누어 1면당 5회씩 양손으로 빠르게 쓸어올립니다. 양손으로 쓸어올리는 것이 1회입니다. 전체를 15회 쓸어올립니다.

⑤ 저작근 굴리기(20초)

양손으로 주먹을 쥐고 관절로 저작근을 지그시 누르며 20초간 원을 천천히 굴립니다. 저작근이 딱딱히 굳으면 턱의 부피도 증가하고, 그 위의 근막과 피부도 순환이 안 되어 주름지거나 처질 확률이 높습니다.

⑥ 옆광대 굴리기(15초)

양손으로 주먹을 쥐고 관절로 옆광대를 지그시 누르며 15초간 원을 천천히 굴립니다. 굳은 표정과 광대 근육을 이완하는 동작인데 앞볼을 주먹으로 굴리면 자극적일 수 있으니 옆부분만 문지릅니다.

⑦ 턱 중앙 문지르기(8회)

아랫입술과 턱 사이 움푹 파인 곳에 승장혈이 있습니다. 이곳에 손가락을 대고 턱 중앙에서 바깥을 향해 문지릅니다. 양손을 1회로 8회 문지르며 승장혈을 자극하는 동시에 턱 근육을 이완합니다. 노화가 진행되면 턱 중앙 근육이 수축하여 턱 끝이 뭉뚝해지며 처진 입꼬리가 더 부각되어 보이기도 합니다.

⑧ 턱선 감싸 올리기(8회, 8회)

엄지는 이중턱을 자극하면서 손바닥으로 턱선을 감싸 귀 앞까지 8회 밀어올립니다. 노폐물을 귀 앞의 림프절(파로티스, 앵글루스)로 배출하는 동시에 늘어진 턱선을 리프팅 합니다.

▶ 반대쪽도 동일하게 마사지합니다.

⑨ 귀 뒤로 노폐물 배출하기(2회, 2회)

귀 앞에 모인 노폐물을 엄지를 이용하여 귀 뒤로 내려서 쇄골 위(터미누스)로 배출시킵니다. 2회 반복합니다. 이때 반대 손은 헤어라인을 위로 당기며 고정하는데 이렇게 하면 노폐물 배출과 턱선의 리프팅에 모두 도움이 됩니다.

▶ 반대쪽도 동일하게 마사지합니다.

⑩ 눈가 노폐물 배출하기 1단계(1회)

중지와 약지 끝을 눈썹 앞머리에 대고 관자놀이 → 광대뼈 밑 → 코 옆 → 눈썹 앞머리를 향해 천천히 원을 굴립니다. 이때 반대 손으로 이마를 살짝 들어 올려 고정합니다.

▶ 과정 ⑩~⑫ 세 과정이 1세트입니다. 총 5세트를 반복하는데 우선 한쪽만 진행합니다.

⑪ 눈가 노폐물 배출하기 2단계(1회)

중지와 약지 끝으로 눈썹 앞머리 → 코 옆 → 광대뼈 밑 → 구레나룻까지 반원을 그립니다. 이때 반대 손으로 이마를 살짝 들어 올려 고정합니다.

⑫ 눈가 노폐물 배출하기 3단계(1회)

한 손으로 관자놀이를 살짝 들어 올려 고정합니다. 반대 손으로 구레나룻에 모인 독소를 쇄골 위(터미누스)로 1회 배출시킵니다.

▶ 이제 눈가 노폐물 배출하기 1, 2, 3단계(과정 ⑩~⑫)를 이어서 총 5세트를 반복합니다. 반대쪽도 동일하게 마사지합니다.

⑬ 콧구멍 옆(영향혈)에서 밀어올리기(5회, 5회)

중지와 약지를 콧구멍 옆 영향혈에 대고 광대뼈 밑에 분포된 거료, 관료혈을 지나 헤어라인까지 8회 밀어올립니다. 혈점을 자극하며 밀어올리면 중간에 스치는 소·대광대근이 이완되면서 광대 리프팅의 효과를 볼 수 있습니다. 반대 손은 뒤통수로 넘겨 헤어라인을 살짝 위로 당기며 지지해야 리프팅의 효과가 높아집니다.

▶ 반대쪽도 동일하게 마사지합니다.

⑭ 눈 밑 밀어올리기(8회, 8회)

눈 밑에서 헤어라인까지 8회 밀어올리며 정명, 승읍, 사백, 동자료, 태양혈을 동시에 자극합니다. 눈가의 혈액 순환을 촉진해야 다크서클을 완화할 수 있습니다.

▶ 반대쪽도 동일하게 마사지합니다.

⑮ 입꼬리에서 관자놀이까지 밀어올리기(3회)

입꼬리 → 팔자주름 → 코 옆 → 눈썹 → 관자놀이까지 3회 밀어올리며 수많은 혈점을 자극하는 동시에 얼굴의 중심을 리프팅 합니다.

⑯ 이마 원 굴리기(15초)

주먹을 쥐고 15초간 이마에 천천히 원을 굴립니다. 굳어 있는 이마 근육을 이완해야 주름을 완화할 수 있습니다.

⑰ 이마에 X자 교차하기(8회)

눈썹에서 반대쪽 이마 끝을 향해 대각선으로 밀어올립니다. 양손을 모두 문지르는 것을 1회로 8회 반복하여 이마 전체의 근막을 자극합니다.

⑱ 이마 위로 올리기(8회)

눈썹을 포함하여 이마 전체를 헤어라인까지 밀어올립니다. 양손을 모두 문지르는 것을 1회로 8회 반복합니다. 주름을 펴고 처진 이마를 리프팅합니다.

⑲ 이마 쓸어내리기(8회)

반대쪽 이마 끝에서 관자놀이로 한 손을 끌어당기고, 반대 손도 똑같은 동작을 취해줍니다. 양손을 모두 문지르는 것을 1회로 8회 반복합니다. 미간 주름을 펴주는 동시에 노폐물을 관자놀이로 배출시킵니다.

⑳ 관자놀이 노폐물 배출하기(2회)

양손 끝을 관자놀이에 대고 작은 원을 2회 정도 굴립니다. 그대로 천천히 턱 끝으로 내려와 손을 떼지 않은 채 귀 뒤로 연결합니다. 귀 뒤에서 다시 작은 원을 2회 정도 굴린 뒤 목선을 따라서 쇄골 위(터미누스)로 노폐물을 배출시킵니다. 2회 반복합니다.

▶ 마사지 후 물수건으로 꼭 마무리를 해주세요(58쪽).

처진 피부를 위한 응급처방
꼰네뜨 마사지

'꼰네뜨' 란 엄지와 검지, 중지 손가락을 이용하는 마사지 테크닉입니다. 그 어원이 '손가락으로 하는 발레'라는 주장도 있습니다. 꼰네뜨는 손바닥은 이용하지 않고 손가락만 이용하는데, 피하지방을 두껍게 잡아서 그 밑의 근막을 자극하는 것이 특징입니다. 근막이 딱딱하게 굳지 않도록 자극하여 탄력을 높이고, 근막과 피부층 사이의 체액 순환을 촉진시켜 노폐물 배출에도 도움을 줍니다. 체액의 순환으로 부기는 제거되지만 지방 세포는 손실되지 않아서 이중턱은 줄이면서, 양볼의 볼륨은 업시킬 수 있는 강력한 마사지입니다. 꼰네뜨는 목부터 이마까지 얼굴 모든 부위에 적용할 수 있습니다. 피하지방층이 얇은 부위, 예를 들어 목과 눈 밑, 이마는 적당한 힘으로 잡아 쥐면 되고, 그 밖에 이중턱이나 광대 밑 처진 볼은 두껍게 잡아 올립니다. 피하지방층까지 피부를 꽉 쥐어야 하기 때문에 얼굴과 손에 유분이 적어야 잘 잡힙니다. 세안 후 스킨만 도포한 상태에서 하는 것을 추천합니다.

① 이중턱 꼰네뜨(8회, 8회)
이중턱을 쥐고 귀 뒤를 향해 잡아당기며 근막을 자극합니다. 8회 반복하여 이중턱의 탄력을 강화시킵니다. 이중턱이 두텁다면 양손으로 깊게 잡아 쥐고 올립니다.
▶ 반대쪽도 동일하게 마사지합니다.

② 턱선 꼰네뜨(8회, 8회)

턱선의 피부를 쥐고 귀 앞을 향해 잡아당기며 근막을 자극합니다. 8회 반복하여 턱선의 탄력을 강화시킵니다. 턱선이 두텁다면 양손으로 깊게 잡아 쥐고 올립니다.

▶ 반대쪽도 동일하게 마사지합니다.

③ 볼살 꼰네뜨(8회, 8회)

양손으로 처진 심부볼을 쥐고 광대를 향해 위로 잡아당기며 근막을 자극합니다. 8회 반복하여 볼살의 탄력을 강화시킵니다.

▶ 반대쪽도 동일하게 마사지합니다.

④ 눈가 꼰네뜨(8회, 8회)

옆광대를 쥐고 관자놀이를 향해 잡아당기며 근막을 자극합니다. 8회 반복하여 처진 광대와 눈가의 탄력을 강화시킵니다.

▶ 반대쪽도 동일하게 마사지합니다.

⑤ 이마 꼰네뜨(8회)

미간, 눈썹, 이마를 쥐고 잡아당긴 후 양옆으로 이동하며 근막을 자극합니다. 눈썹과 미간은 피하지방이 어느 정도 두꺼워서 잘 쥐어지는 편이지만, 이마는 얇아서 잘 쥐어지지 않을 것입니다. 그럴 경우에는 잡히는 부분만 쥐어서 잡아당기며 옆으로 이동하는 연결 동작이 이루어지지 않아도 괜찮습니다. 근막을 자극하며 잡아당기는 동작이 중요합니다.

▶ 마사지 후 물수건으로 꼭 마무리를 해주세요(58쪽).

홍조를 완화하는
배농 마사지

 홍조는 진피의 모세혈관이 확장되거나 표피에 염증이 생겨 얼굴이 붉게 보이는 현상입니다. 심하게 붉거나 가려움, 여드름 등 통증이 동반된 피부 질환을 겪는 경우라면 전문의의 치료를 받아야 하지만, 경미한 경우에는 마사지의 도움을 받을 수 있습니다.

홍조를 완화하는 데는 배농 마사지가 효과적입니다. '배농'은 '농액(염증)을 배출한다'라는 의미를 갖고 있습니다. 혈액 순환과 림프 순환을 도와 염증을 배출하는 원리의 마사지입니다. 천천히 여러 번 얼굴과 데콜테의 림프절을 자극하는 동작을 반복하며 노폐물을 배출해 주세요. 또한 홍조를 완화하고 싶다면 사우나, 음주, 흡연 등 혈관을 자극하는 습관을 반드시 피해야 합니다.

▶ 세안 후 크림이나 오일을 도포한 상태로 시작하세요(57쪽).

① 림프절 프로판더스 자극하기(20회)

귀 뒤의 움푹 들어간 곳은 예풍혈이자 프로판더스라는 림프절입니다. 이곳을 지그시 누르면서 천천히 작은 원을 20회 그립니다. 따뜻한 손의 온기로 림프절을 자극하여 정체된 노폐물이 배출되도록 돕습니다.

② 터미누스를 향해 롤링하기(10회, 10회)

전 단계에서 림프절인 프로판더스를 충분히 자극해 정체된 노폐물을 풀어주었기 때문에 이제 터미누스를 향해 노폐물을 배출해야 합니다. 귀 뒤부터 쇄골 위까지 촘촘하게 원을 굴리며 10회 쓸어내립니다. 한쪽씩 정성 들여서 천천히 롤링해야 노폐물 배출에 더 효과적입니다.

▶ 반대쪽도 동일하게 마사지합니다.

③ 터미누스 자극하기(10회)

쇄골 위 터미누스에 정체된 노폐물이 배출될 수 있도록 지그시 누릅니다. 천천히 10회 정도 누르면 맥박이 빨라지므로 깊은 심호흡을 동반하여 편안히 자극합니다.

④ 림프절 파로티스, 앵글루스 자극하기(10회)

구레나룻에는 파로티스와 앵글루스라는 2개의 림프절이 있습니다. 손끝으로 숫자 8을 크게 그리며 천천히 문지르면 림프절에 쌓여있는 노폐물이 자극됩니다. 10회 반복합니다.

⑤ 터미누스를 향해 롤링하기(10회)

구레나룻에 쌓인 노폐물이 터미누스까지 배출되도록 원을 굴리며 쓸어 내립니다. 촘촘하게 천천히 원을 굴려야 노폐물 배출에 효과적입니다. 10회 반복합니다.

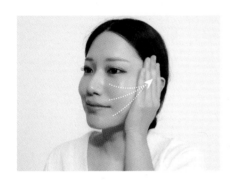

⑥ 볼 전체 밀어내기(8회, 8회)

손바닥을 눈 밑부터 턱 끝까지 전체적으로 밀착시킵니다. 마치 납작한 치 약을 짜내듯 지그시 밀어내며 구레나룻 림프절로 향합니다. 1초에 1cm씩 이동한다는 느낌으로 아주 천천히 8회 밀어냅니다.

▶ 반대쪽도 동일하게 마사지합니다.

⑦ 귀 앞 문지르기(15회)

귀 앞의 움푹 들어간 곳에 이문, 청궁, 청회혈이 일렬로 분포되어 있습니 다. 손가락으로 지그시 위아래로 문지르며 15회 반복합니다. 이곳은 대동 맥이 지나는 혈점으로 자극을 통해 체액 순환을 높이며 노폐물 배출에도 도움이 됩니다.

⑧ 터미누스를 향해 롤링하기(5회)

구레나룻으로 모인 노폐물이 터미누스로 배출되도록 원을 굴리며 쓸어 내립니다. 원을 촘촘하게 굴려야 노폐물 배출에 효과적입니다. 천천히 5회 반복합니다.

⑨ 이마 노폐물 밀어내기(8회, 8회)

한쪽 손바닥을 이마 중앙에 밀착시킵니다. 이마의 노폐물을 관자놀이로 운반한다는 느낌으로 지그시 밀어내립니다. 1초에 1cm씩 이동한다는 느낌으로 천천히 내려줍니다. 양손을 모두 밀어내리는 것을 1회로 8회 마사지합니다.

▶ 반대쪽도 동일하게 마사지합니다.

⑩ 터미누스를 향해 롤링하기(5회)

마지막으로 관자놀이로 운반된 노폐물을 터미누스로 배출시켜야 합니다. 관자놀이를 지그시 누르며 촘촘하게 원을 굴려 내립니다. 천천히 5회 반복합니다.

TIP | 마사지 후 팩으로 열감 내리기

배농 마사지 이후에는 열감을 내려주는 과정이 더욱 중요합니다. 마사지를 마쳤다면 먼저 냉습포로 얼굴을 닦아낸 다음, 차가운 모델링팩이나 마스크팩을 도포하여 열감을 내려줍니다. 단, 팩을 한 뒤에는 두드려 마무리하지 말고 또 한 번 냉습포로 닦아내는 과정을 거쳐야 합니다. 농축액이 모공을 막아 트러블을 유발할 수 있기 때문입니다. 이후 기초 화장품을 도포합니다.

부종을 완화하는
하체 림프 순환 마사지

 하체는 심장과의 거리가 멀기 때문에 상체에 비해 혈액 순환이 더뎌 잘 붓습니다. 동시에 혈관 옆의 림프관도 정체되기 쉽고요. 따라서 마사지를 통해 혈액 순환과 림프 순환을 도와야 부종을 완화할 수 있습니다. 하체 마사지를 할 때는 서혜부(사타구니, Y존)를 메인으로 자극합니다. 먼저 서혜부에 쌓여있는 노폐물을 한 번 비우고, 그다음 다리의 노폐물을 서혜부로 모으고, 마지막으로 다시 한번 서혜부의 노폐물을 비워주면 됩니다. 특히 여성은 하체의 순환이 원활해야 자궁 건강도 챙길 수 있습니다. 하체가 잘 붓는 게 고민이라면 매일 또는 2~3일에 한 번 서혜부를 마사지해 주세요. 족욕이나 반신욕을 한 후 진행하면 혈액 순환에 더욱 좋습니다. 단, 하체 마사지는 딱딱한 종아리의 근육을 축소시켜주지는 않으니 림프 순환을 돕는다는 생각으로 적당한 압력을 가해주세요. 이 마사지는 다리를 감싸 따뜻한 온기를 전하는 것이 중요하므로 괄사보다 손으로 하는 것이 훨씬 효과적입니다.

① 서혜부 두드리기(30회, 30회)

손안에 달걀을 쥔 듯 공기를 넣고 서혜부를 톡톡 두드려 림프절에 쌓인 노폐물의 배출을 돕습니다. 어린아이의 엉덩이를 두드리는 듯한 약한 압력으로 두드립니다. 서혜부는 다른 림프절보다 더 민감하기 때문에 강하게 문지르면 며칠 동안 붓거나 불쾌한 통증이 있으니 주의해 주세요.

▶ 반대쪽도 동일하게 마사지합니다.

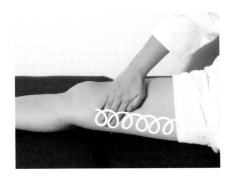

② 허벅지 안쪽 롤링하기(8회, 8회)

허벅지 안쪽에 손바닥을 대고 서혜부를 향해 촘촘히 원을 굴리며 문지릅니다. 허벅지 안쪽은 체액 순환이 정체되면 셀룰라이트가 쌓이기 쉬운 부위입니다. 노폐물을 서혜부까지 운반한다는 생각으로 지그시 누르며 천천히 8회 롤링합니다.

▶ 반대쪽도 동일하게 마사지합니다.

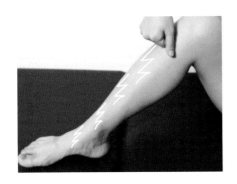

③ 종아리 앞쪽 자극하기(1회, 1회)

주먹을 쥐고 발등부터 무릎 아래까지 지그재그로 문지르며 올라옵니다. 이 부위에도 수많은 혈점이 분포되어 있어 자극을 통한 혈액 및 림프 순환을 도울 수 있습니다. 종아리의 뒤쪽뿐만 아니라 앞쪽까지 순환시켜줘야 종아리 부종 완화에 도움이 됩니다.

▶ 반대쪽도 동일하게 마사지합니다.

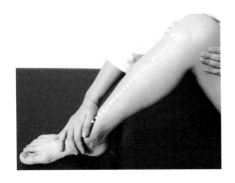

④ 종아리 앞쪽 쓸어올리기(8회, 8회)

전 단계에서 적당한 자극을 주었으니 이제 지그시 발목을 감싸며 쓸어올립니다. 손바닥으로 천천히 무릎까지 쓸어올려 노폐물을 무릎 위로 운반해 줍니다. 8회 반복합니다.

▶ 반대쪽도 동일하게 마사지합니다.

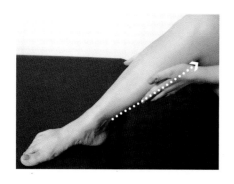

⑤ 종아리 뒤쪽 쓸어올리기(15회, 15회)

발목 뒤부터 오금(무릎 뒤)까지 양손을 한 동작으로 15회 쓸어올립니다. 천천히 치약을 짜듯 쓸어올리는데 이때 중지는 종아리의 중앙을 더 강하게 누르며 올라옵니다. 노폐물을 오금의 림프절로 운반하는 과정입니다.

▶ 반대쪽도 동일하게 마사지합니다.

⑥ 오금 자극하기(8회, 8회)

오금은 하체에서 서혜부 다음으로 림프절이 많이 밀집되어 있는 부위입니다. 손가락 끝으로 오금을 지그시 누르며 끌어당겨 줍니다. 다리를 펴고 오금을 톡톡 두드리거나 이렇게 문지르면 노폐물 배출에 효과적입니다.

▶ 반대쪽도 동일하게 마사지합니다.

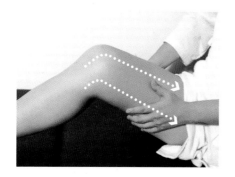

⑦ 허벅지 전체 쓸어올리기(15회, 15회)

이제 발목부터 무릎 위까지 올라온 노폐물을 서혜부로 운반해야 합니다. 양손으로 허벅지 둘레를 전체적으로 감싸 15회가량 쓸어올립니다. 지그시 눌러가며 천천히 마사지해야 노폐물이 잘 운반됩니다.

▶ 반대쪽도 동일하게 마사지합니다.

⑧ 서혜부 두드리기(30회, 30회)

이제 모든 노폐물이 서혜부로 운반되었으니, 다시 한번 서혜부를 약하게 30회 두드려 노폐물 배출을 돕습니다.

▶ 반대쪽도 동일하게 마사지합니다.

인체의 축소판, 반사구를 지압하면
전신의 기혈이 원활해진다

우리 몸에서 대표적인 반사구는 세 부위가 있는데, 머리에는 귀, 상체에는 손, 하체에는 발이 있습니다. 반사구란 우리 몸 전체 기관이 신체 일부분의 특정 위치에 반사 및 투영, 축소화되어 나타난다는 의미입니다. 즉, 귀와 손발에 우리 몸이 축소화되어 있어 이 부분을 지압하거나 침과 뜸을 활용해 전신의 기혈을 통하게 해 질병을 예방 및 치료한다는 개념입니다. 귀와 손발 중에는 발이 인체 반사구의 대표격이라고 할 수 있으며, 손과 귀는 스스로 지압이 편리하여 마사지하기 좋은 반사구입니다.

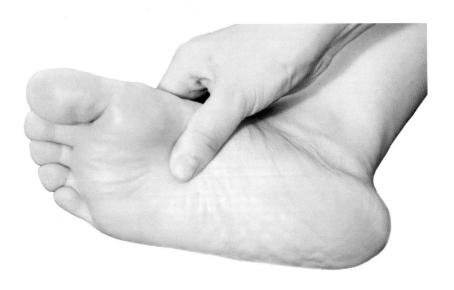

❶ 용천혈
❷ 신장
❸ 수뇨관
❹ 방광
❻ 대뇌
❼ 전두동
❽ 소뇌
❾ 뇌하수체
❿ 삼차신경
⓫ 뇌간 연수
⓬ 코
⓭ 목(경부)
⓮ 경추
⓯ 눈
⓰ 귀
⓱ 갑상선
⓲ 부갑상선
⓳ 승모근
⓴ 폐, 기관지
㉑ 복강신경총(좌측 소화기)
㉒ 부신
㉕ 위
㉖ 췌장
㉗ 십이지장
㉘ 간장
㉙ 담낭
㉚ 소장
㉛ 맹장, 충수
㉜ 회맹판
㉝ 상행결장
㉞ 횡행결장
㊲ 생식선(난소, 고환)
㊳ 골반
㊸ 미추(미골)
㊾ 견관절(어깨)
㊹ 성대, 후두
65 식도, 기관
70 횡경막

❶ 용천혈
❷ 신장
❸ 수뇨관
❹ 방광
❻ 대뇌
❼ 전두동
❽ 소뇌
❾ 뇌하수체
❿ 삼차신경
⓫ 뇌간 연수
⓬ 코
⓭ 목(경부)
⓮ 경추
⓯ 눈
⓰ 귀
⓱ 갑상선
⓲ 부갑상선
⓳ 승모근
⓴ 폐, 기관지
㉑ 복강신경총(소화기)
㉒ 부신
㉓ 심장
㉔ 비장
㉕ 위
㉖ 췌장
㉗ 십이지장
㉚ 소장
㉞ 횡행결장
㉟ 하행결장
㊱ 직장
㊲ 항문
㊳ 생식선(난소, 고환)
㊴ 골반
㊸ 미추(미골)
㊾ 견관절(어깨)
51 슬관절(무릎)
㊹ 성대, 후두
㊺ 식도, 기관
70 횡경막

① 순환의 끝자락을 원활하게! 발 마사지

발은 '제2의 심장'이라 불릴 만큼 건강에 있어 중추적인 역할을 합니다. 실제로 심장과 가장 멀리 떨어진 발은 걷거나 뛸 때 혈액을 펌핑하여 순환을 돕는 중요한 부분이죠. 무거운 체중을 지탱하고, 예쁘지만 불편한 신발과 육체노동 등으로 고통받는 발의 피로 회복을 돕기 위해 인류는 동서양을 막론하고 수천 년 전부터 발을 마사지했습니다. 고대 이집트의 벽화와 춘추전국시대의 고대 중국의학 등에서도 발 마사지가 등장했습니다. 이제 발 마사지는 단순한 마사지나 미용의 개념을 넘어 발 반사구에 대해 연구하는 '반사요법학(Reflexology)'으로 발전했습니다. '발반사(足反射, Foot Reflexology)'는 건강 증진을 위한 보완대체요법의 하나로 특히 발바닥에 분포되어 있는 반사구를 지압하여, 혈액 순환을 촉진하고 노폐물과 독소를 배출시켜 자연치유력 향상을 돕는 요법입니다. 반사구는 신경이 집결해 형성되는데 우리 몸 중 발에 가장 많이 밀집해 있어 다른 부위보다 발이 더 중요한 것입니다.

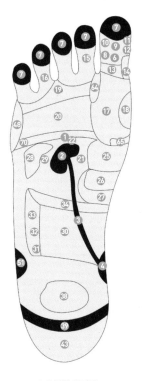

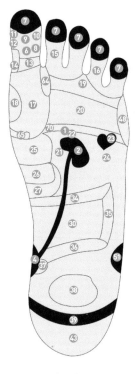

▲ 오른쪽 발바닥 ▲ 왼쪽 발바닥

발 반사 마사지의 가장 큰 장점은 오장육부의 건강 등에 도움이 되면서도 크게 부작용이 없다는 것입니다. 딱히 질병이 없더라도 발 마사지를 통해 혈액 순환과 근육 이완을 도와 육체적 건강에 도움을 주고 정신적 스트레스를 해소할 수 있습니다. 발바닥의 주요 혈점과 반사구를 괄사 또는 손으로 지압하거나 허리를 구부리기 힘든 경우 마사지볼을 발바닥으로 누르며 지압해도 시원하며 족저 근육도 이완되어 다음 날 발이 더 가볍고 편합니다. 발 마사지는 족욕이나 반신욕을 한 뒤에 진행하면 더 좋지만, 시간적 여유가 안 된다면 발바닥에 헤어드라이기로 적당한 온풍을 쐬어주는 것도 혈액 순환에 좋습니다. 발 마사지를 단독으로 해도 좋지만 하체 림프 순환 마사지(128쪽) 전이나 후에 해준다면 혈액 순환과 노폐물 배출에 더욱 도움이 됩니다.

◀ 발등

발등

⑤④ 비경	⑦⓪ 횡경막
⑤⑤ 강경	⑦② 늑골
⑤⑥ 위경	⑦③ 요통점
⑤⑦ 담경	⑦④ 서혜, 골반 임파선
⑤⑧ 방광경	⑦⑤ 하반신 임파선
⑤⑨ 치아, 잇몸	⑦⑥ 엉치뼈
④⓪ 상악(위턱)	⑦⑦ 서혜부, 대퇴부
④① 하악(아래턱)	
④② 편도선	
④③ 상반신 임파선	
④④ 성대, 후두	
④⑤ 식도	
④⑥ 흉부 임파선	
④⑦ 평형기관	
④⑧ 액와 임파선	
④⑨ 가슴	

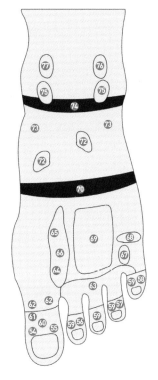

발 내측

- ❹ 방광
- ❺ 요도 및 음경(남), 질(여)
- ⑪ 뇌간 연수
- ⑫ 코
- ⑭ 경추
- ⑱ 부갑상선
- ㉟ 좌골신경, 골반(내측)
- ㊵ 흉추(등뼈)
- ㊶ 요추(허리)
- ㊷ 선추(선골)
- ㊸ 미추(미골) 안쪽
- ㊹ 자궁(여), 전립선(남)
- ㊺ 고관절
- ㊻ 대퇴부임파선
- ㊼ 직장근
- ⑩ 횡경막
- ⑭ 서혜, 골반임파선
- ⑮ 하반신임파선
- ⑰ 서혜부, 대퇴부

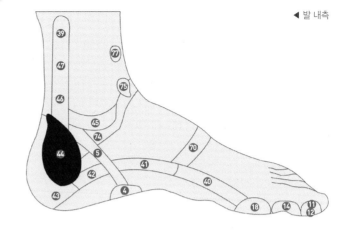

◀ 발 내측

발 외측

- ㊳ 생식선(난소, 고환)
- ㊴ 좌골신경, 골반(외측)
- ㊸ 미추(미골) 바깥쪽
- ㊺ 고관절
- ㊽ 견관절(어깨)
- ㊾ 상완(팔)
- ㊿ 팔관절
- ⑤ 슬관절(무릎)
- ⑤ 대퇴부임파선
- ⑤ 비골근
- ⑥ 평형기관
- ⑥ 액와임파선
- ⑥ 가슴
- ⑩ 횡경막
- ⑪ 견갑골
- ⑫ 늑골
- ⑬ 요통점
- ⑭ 서혜, 골반임파선
- ⑮ 하반신임파선
- ⑯ 천골(엉치뼈)

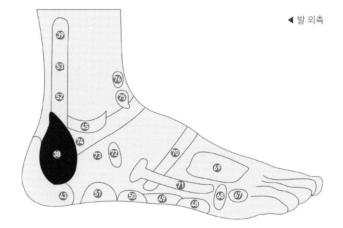

◀ 발 외측

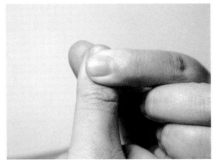

② 손끝을 누르면 얼굴이 작아지는 마사지

몇 년 전 지인이 경락 마사지를 받는데 직원 4명이 자신을 둘러싸고 대뜸 손발을 주물러서 처음엔 매우 당황스러웠다고 합니다. 어느 마사지숍에서도 관리 전에 그런 마사지를 해주지 않았기 때문입니다. 방법은 매우 간단했습니다. 왼쪽 사진처럼 손가락과 발가락 끝마디를 앞뒤 양옆으로 반복해서 누르는 것뿐이었습니다. 엄지와 검지로 집게를 만들어 손톱과 손톱의 양옆을 계속 반복해서 누르는 것입니다. 뼈까지 아프게 꾹꾹 누르진 않아 적당히 시원한 느낌이 인상적이었다고 합니다.

집게 손으로 손톱을 한 번 누르고 손톱 양옆을 한 번 누르며 적당한 속도로 반복합니다. 한 번 누를 때 1~2초의 간격으로 제법 빠르고 가볍게 누르는 방식입니다. 위의 사례 속 마사지숍에서는 4명이 양손과 발끝을 동시에 30분 동안 눌렀지만, 집에서 쉴 때나 영상 시청 또는 독서를 할 때 가볍게 누르는 습관으로 혈액 순환을 촉진할 수 있기 때문에 경제적입니다. 발끝도 같은 방식으로 누르면 되지만 셀프로 발끝을 지압할 때 허리를 구부리기 불편하다면 너무 무리하지 않는 선에서 해주세요.

손가락과 발가락 끝에는 모세혈관과 말초신경이 분포되어 있으며 우리 몸의 기가 흐르는 통로인 경락의 시작과 끝이 있습니다. 손발을 주물러 오장육부의 기능을 강하게 해준다는 말을 우리는 한 번쯤 들어 보았을 것입니다. 손과 발은 인체의 축소판이며 신체 각 조직의 치유상응점이 존재하는 반사구입니다. 우리가 직접 손과 발에서 반사구를 일일이 대조하며 질병을 치유하기란 불가능하지만 두루두루 손의 여러 곳을 마사지하

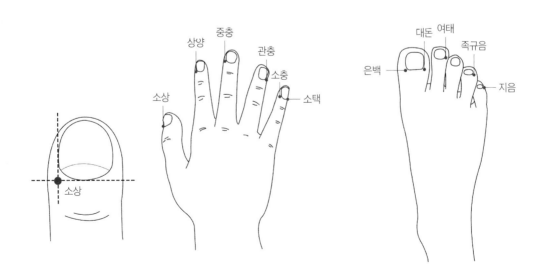

며 전신의 순환을 돕는 것은 가능합니다. 인체에서 말초신경의 70%가 밀집된 부분이 바로 손끝과 발끝이며, 손톱과 발톱 밑에는 동맥과 정맥을 연결하는 모세혈관 또한 많이 밀집되어 있습니다. 모세혈관은 혈액과 조직 사이에 산소와 영양소를 공급하고 이산화탄소와 같은 노폐물을 제거하는 역할도 합니다. '손이나 발끝 마사지 → 말초신경과 모세혈관을 자극 → 전신으로 혈액을 펌핑 → 림프 순환을 통한 노폐물 배출 → 얼굴 부종 제거'의 원리입니다. 또한 손에서는 가운뎃손가락 끝마디가 얼굴 반사구에 해당하고, 발에서는 5개의 발가락이 얼굴과 이목구비의 반사구에 해당하며 발뒤꿈치로 내려올수록 생식기에 가깝습니다. 즉, 손발끝 마사지를 통해 혈관, 말초신경, 반사구를 모두 자극하는 원리입니다.

손발톱 뿌리의 모서리에는 한쪽 또는 양쪽 모두에 혈점이 있습니다. 손발끝 20개 중 가운데 발가락 2개만 빼고 나머지에는 혈점이 있으니 중지 발가락도 포함해서 마사지 해주는 것이 전체적인 순환에 더 좋습니다. 또한 앞의 그림에서는 손발을 한쪽만 표기했지만 양쪽을 한 쌍으로 모두 지압해야 합니다. 혈점은 우리 몸 중앙을 중심으로 양쪽에 대칭으로 존재합니다. 때문에 좌우 한쪽을 골라 집중해서 먼저 지압한 뒤 반대쪽 지압을 하면 됩니다. 상대적으로 양손으로 지압하기 편리한 얼굴이나 두피는 동시에 지압합니다. 우리 몸에서 대칭을 이루지 못하는 혈점은 인체의 중심 부위로 두개골(정수리의 백회)과 얼굴(인중의 수구), 생식기의 정중앙에 위치한 혈점들뿐입니다.

별도로 시간을 내기보다 이동을 하거나 영상을 시청할 때 수시로 손끝을 지압하려고 노력하는 것이 좋습니다. 몸에 기혈이 통할 때 오장육부가 튼튼해지며 폐와 신장 기능이 좋아져 안색이 맑아지고 얼굴도 덜 붓게 됩니다. 오장육부로 이어지는 경혈의 시작점인 손발끝 지압을 습관화하고 셀프 마사지를 루틴화해 보세요.

③ 팔자주름이 연해지고 턱선이 리프팅 되는 귀 마사지

귓불 바로 위 연골이 있는 부위를 살살 누르기 시작합니다. 처음부터 세게 누르지 말고 천천히 강도를 늘리며 손끝에서 귀가 따뜻해지는 변화를 느껴야 합니다. 귀를 갑자기 세게 누르고 당기면 아파서 놀라기 때문에 얼굴과 연결된 근육이나 근막의 이완이 잘되기 어렵습니다. 때문에 1분 정도 천천히 누르기를 반복하다 귀가 따뜻해지면 그때 잡아당기기 시작합니다. 뒤통수를 향해 귀를 뒤로 잡아당기는데 당기면서 귀를 살짝 비틀어 안면 근막이 팽창되는 느낌을 느껴야 합니다. 정확히는 입꼬리부터 귀 앞까지 피부 속 근막이 자극받는 느낌입니다. 5초간 비틀고 잡아당기며 천천히 놓았다가 다시 당기기를 2~3분간 반복하면 팔자주름이 눈에 띄게 연해지고 처진 턱선과 심부볼 리프팅에 도움이 됩니다. 특히 메이크업 상태에서 얼굴을 터치하지 않고도 리프팅 효과를 얻을 수 있어서 좋습니다.

귀의 연골을 잡고 비틀어 당기는 이유는 이곳이 팔자주름과 이어지는 종점이라 얼굴과 연결된 근육과 근막이 이완되어 팔자주름 완화에 도움을 줄 수 있기 때문입니다. 또한 이 부위는 인체에서 얼굴에 해당하는 반사구라 안면부 기혈 순통에 도움을 줄 수 있습니다. 평소 귀를 잘 주무르고 딱딱해지지 않도록 귀 연골을 반으로 접거나 잡아당기라고 하는 이유도 바로 이 반사구를 자극하기 위함입니다. TV 건강 프로그램에서 한의사가 동일한 압력으로 환자의 귀를 여러 군데 누르는데 특정 부위만 더 아프다고 반응하는 장면을 한 번쯤 보았을 겁니다. 예로부터 동양의학은 질병 진단의 첨단장비가 없었기에 보조적인 방법 중 하나인 귀를 눌러 반응을 보며 상응하는 반사구를 찾았을 것입니다.

1단계
귓불 바로 위 연골 부분을 1~2분 동안 부드럽게 누르며 예열을 돕습니다.

2단계
귀가 따뜻해지면 뒤통수를 향해 뒤로 잡아당깁니다. 이때 귀 앞 턱선 근막의 이완이 느껴지고 리프팅과 노폐물 배출에 도움이 됩니다.

3단계
이완된 귀를 잡고 아래로 비틀며 마찬가지로 뒤통수를 향해 당깁니다.
▶ 2단계와 3단계를 이어서 반복하는데 약 5초간 비틀어 당기며 이완하고 다시 제자리로 왔다가 다시 잡아당기고 비틀기를 2~3분 정도 반복합니다.

동양의학에 대한 전문 지식 없이 스스로 귀를 누르며 기혈 순환이 원활하지 않은 반사구를 찾는 것은 불가능합니다. 귀는 손발보다 작아 섬세하게 반사구의 위치를 알기 어렵고 연골 부위는 주무르거나 구부리면 대부분이 아프기 때문인데요. 다행히 얼굴의 반사구는 비교적 잡기 편한 위치에 있으므로 귀를 잡아당기는 것만으로도 효과가 좋지만 여기에 귀 주변과 후두, 측두부까지 마사지하면 팔자주름 완화의 효과는 극대화됩니다.

이중턱을 피하지방 아래의
뿌리부터 수축하는 방법

이중턱 근육을 수축하여 반복적인 처짐을 예방하는 방법을 알아보겠습니다. 복근 운동을 해야 뱃살(피하지방)이 빠지고 피부 탄력도 강화됩니다. 이중턱 또한 동일한 원리가 적용된다고 할 수 있습니다. 대개 여름에는 시원한 맥주와 자극적인 음식, 특히 야식을 많이 먹게 되고, 겨울에는 운동량이 적어 체내 수분 배출이 더디므로 몸이 더 잘 붓습니다. 때문에 며칠만 방치해도 이중턱의 피하지방층에 수독이 가득 고이고 지방 세포가 증가하는 느낌을 받을 때가 많습니다. 또한 나이가 들수록 이중턱의 구조가 중력의 법칙과 탄력의 저하로 점점 늘어지는 것이 현실입니다. 그래서 이중턱도 다른 부위와 같이 근력 운동이 필요합니다.

이중턱에서 목으로 이어지는 넓은목근(광경근) 밑에는 설골근과 이복근이라는 속근육이 자리 잡고 있습니다. 헬스장에서 운동을 할 때 턱에도 힘이 들어가기 때문에 턱 밑 근육이 강화되어 턱선도 날렵해집니다. 운동을 따로 하지 않는다면 페이스 요가도 어느 정도 도움이 될 수 있습니다. 아래 사진처럼 가슴 위에 손을 포개어 가볍게 지지하고 고개를 들어 스트레칭을 합니다. 이 상태에서 혓바닥 끝이 아닌 전체 면적을 최대한 입천장에 밀착하고 침을 삼키듯 목젖을 좁혀봅니다. 고개를 든 상태에서 침을 꿀꺽 삼키면 꽤나 괴롭고 통증도 느껴집니다. 그래서 실제로 침을 삼키지는 말고 삼키기 직전까지만 운동을 해줍니다. 이 방법이 어렵다면 혓바닥 전체 면적으로 입천장을 밀어 올려주는 동작을 천천히 해도 이중턱 주변 근육이 자극되어 수축과 이완을 도울 것입니다.

▲ 5초 정도 밀착하고 혀와 목젖에 힘을 빼면 근육이 이완되며 왼쪽 사진처럼 근육과 조직이 다시 내려오는데 다시 수축하고 짧게 이완하여 근력 운동을 하듯 이중턱의 탄력을 되살려 보세요.

마사지 관련 Q&A

Q   **마사지로 얼굴을 작게 만들 수 있나요?**

A   셀프 마사지는 피부와 그 밑의 근육까지만 자극합니다. 근육을 이완하고 부기를 제거하면서 늘어진 피부를 리프팅 하면 생각보다 내 얼굴이 크지 않았음을 깨달을 수 있습니다. 골격과 피부, 근육이 모두 얼굴 크기에 영향을 주기 때문입니다. 하지만 셀프 마사지로 얼굴뼈를 축소하거나 반대로 확대할 수는 없습니다. 뼈는 손의 힘으로 변형할 수 없을 만큼 단단하며 지나친 압력은 손가락 관절과 얼굴 피부 및 뼈에 해롭습니다. 안전하고 편안하게 피부와 근육을 마사지하여 살에 묻혀있던 얼굴의 윤곽을 되살리고 처진 피부를 끌어올려 리프팅 하는 것, 림프에 쌓여있는 노폐물 배출을 돕는 것이 셀프 마사지의 목표입니다.

Q   **마사지로 볼살을 차오르게 할 수 있나요?**

A   살은 근육, 지방, 피부가 결합된 것입니다. 그중 볼살은 삼겹살처럼 근육과 지방 주머니가 두세 겹으로 겹쳐있는 구조를 띠고 있습니다. 따라서 근육과 지방이 늘어나야 볼살이 채워지는 것이죠. 간혹 '볼살을 채우는 마사지', '이마를 볼록하게 만드는 마사지' 등의 수식어를 내세우는 과장 광고 때문에 이러한 기대감이 들 수 있는데요. 지방과 근육의 양은 영양 상태에 따라 달라집니다. 즉, 잘 먹어야 얼굴이든 몸이든 지방과 근육이 증가합니다. 따라서 마사지로 살을 채울 수는 없습니다. 단, 마사지로 양쪽 턱 아래까지 늘어진 볼살을 리프팅 하여 광대 밑이 움푹 파인 것을 보완하면 얼굴의 굴곡이 완만해져 인상이 부드러워지는 효과를 볼 순 있습니다.

얼굴에서 지방이 가장 많이 쌓일 수 있는 공간은 볼과 턱 밑입니다. 골격 구조상 광대 밑과 턱 밑에 저장 공간이 넉넉하기 때문입니다. 반면 이마와 관자놀이, 눈 밑은 상대적으로 평평하기 때문에 지방이 쌓일 공간도 매우 적습니다. 도드라진 광대, 퀭한 눈 밑, 납작한 이마, 푹 꺼진 관자놀이 등 얼굴에 볼륨감이 과하게 부족해 고민이라면 지방이식수술이나 필러 주입과 같은 시술에 효과를 기대해야 합니다.

Q   **여드름, 홍조를 완화하는 마사지가 있나요?**

A   여드름과 홍조 등은 메디컬 스킨케어로 치료해야 하는 영역입니다. 특히 여드름은 피지와 세균이 결합해 발생한 염증성 피부 질환으로 스스로 치료하려고 하면 오히려 상태를 악화시킬 수 있습니다. 피부과 전문의의 진료를 추천합니다. 대형 피부과에는 에스테틱 코너가 따로 있어서 전문의의 진단에 따라 의료 기기를 사용하기도 하고 에스테틱 관리를 병행하기도 합니다. 여드름은 마사지와 같은 마찰을 피해야 하기 때문에 다른 목적으로 마사지를 하더라도 여드름이 난 부위는 피해주세요.

홍조 역시 혈관성 질환으로 레이저 치료 등의 메디컬 스킨케어가 필요합니다. 심한 홍조일 경우 마찰을 피하고 병원 치료를 우선시해야 하지만 경미한 경우라면 마사지의 도움을 받을 수 있습니다. 민감성 홍조 피부의 경우 진피 조직액 내에 노폐물이나 염증이 많이 분비되어 있을 것입니다. 이때 림프절 분포를 따라 해독을 돕는 '배농 마사지(124쪽)'를 꾸준히 해주세요. 마사지가 홍조의 근본적인 해결책은 아니지만 홍조 부위의 배농을 돕는다는 면에서 악화되는 것을 예방 및 개선하는 데 도움이 됩니다.

Q   **마사지 후에 여드름이 증가했어요.**

A   마사지 도중에 모공 안에서 피지나 땀이 분비될 수 있습니다. 마찰로 인해 손바닥에서도 땀이 분비되기 때문에 마사지 후 피부 표면은 크림이나 오일의 유분과 노폐물이 뒤섞인 상태가 됩니다. 또한 혈액 순환이 촉진되어 얼굴의 열감도 증가하지요. 따라서 마사지 후에는 반드시 노폐물을 제거하는 동시에 열감을 내려주는 마무리를 해야 합니다. 그렇지 않으면 노폐물이 모공을 막아 피지와 세균이 결합되어 다음 날 바로 여드름이 날 수도 있어요. 마사지 후의 냉습포 마무리는 선택이 아닌 필수입니다(58쪽).

Q   **마사지는 아침에 하는 것이 좋나요? 저녁에 하는 것이 좋나요?**

A   결론부터 말하자면 마사지를 하는 시간대는 중요하지 않습니다. 그저 자신의 생활 패턴에 따라 여유로운 시간대에 하는 것이 좋습니다. 식습관이나 체질로 인해 자고 일어났을 때 얼굴이 잘 붓는다면 아침에 마사지를 하여 부종을 제거하는 습관을 갖는 것을 추천합니다. 반대로 하루 일과를 마치고 저녁이 되면 얼굴이 유독 처지고 어두워지는 사람도 있습니다. 그럴 경우에는 저녁에 마사지를 하여 하루 종일 중력에 의해 처진 피부를 리프팅 해주세요.

Q **마사지를 하면 피부가 더 늘어지지 않나요?**

A 피부의 노화가 진행되면 늘어지기 전에 먼저 딱딱해집니다. 진피에 수분(히알루론산)이 마르고 얼굴을 지지해 주는 기둥(콜라겐, 엘라스틴)들도 무너지죠. 저는 어릴 때 할머니의 손등을 주무르며 재미있어 하곤 했는데요. 할머니 손등의 피부를 살짝 잡아 올렸는데 그 상태로 가만히 있다가 서서히 펴지는 게 신기했어요. 꾹 누르면 바로 차오르는 어린 제 피부와는 달랐으니까요. 진피에 수분이 많으면 피부는 탄력이 넘치고 투명합니다. 어릴 때는 피부가 말캉하지만 노화가 진행될수록 딱딱해져요. 피부 조직이 서로 엉겨 붙고 굳기 때문이죠.

이것을 '체액성 노화'라고 하는데 이 노화를 조금이라도 늦추는 방법이 바로 자극입니다. 조직들이 서로 뭉치려 하는데 이를 문지르고, 두드리고, 튕겨주면 피부가 자극을 받습니다. 피부가 자극을 받으면 어떤 현상이 벌어질까요? 노화된 세포가 활성화되고 진피 조직이 말캉해지면서 저절로 수분 공급이 이루어집니다. 세포에 수분을 가장 빠르게 공급하는 방법은 체액을 순환시키는 것이기에 마사지가 도움이 됩니다. 물론 체액이 많으려면 평소 물을 많이 마셔야 합니다. 즉, 마사지를 포함한 다양한 외부적 자극은 혈액과 림프 순환을 돕는 동시에 근육에도 자극을 전해 근육을 둘러싼 근막을 유연하게 만듭니다. 따라서 그 위의 피부층을 리프팅 하기에 좋은 환경이 돼 피부 늘어짐을 예방할 수 있게 되는 것이죠.

Q **마사지를 매일 해도 되나요?**

A 피부가 건강하고 손에 관절염이 없다면 1~3일에 1회, 1회에 30분 정도 해주는 것이 좋습니다. 30분 동안 목 스트레칭(62쪽), 데콜테(64쪽), 두피(65쪽), 얼굴 마사지(82~115쪽)를 모두 진행해 주세요. 시간이 부족하다면 데콜테와 두피 마사지는 생략하고 목 스트레칭만 한 후 얼굴 마사지를 진행합니다. 전체적인 마사지 시간이 줄어도 괜찮으니 꾸준히 하는 것이 가장 중요합니다.

각자 노화의 속도는 다르지만 30대 이후부터는 적어도 3일에 한 번 마사지를 하는 것이 고정력을 얻기에 효과적입니다. 여기서 말하는 고정력이란 얼굴이 붓지 않고 리프팅이 된 상태를 지속하는 힘을 말합니다. 만약 오늘 마사지를 했다면 피부는 3일 이내로 자신의 바이오리듬에 따라 노화를 진행하고 중력의 영향을 받아 처지게 됩니다. 불가항력으로 노화를 받아들이는 항상성 때문인데요, 마사지를 3일 이내로 해주면 이 노화 현상을 늦추는 데 도움이 됩니다. 즉, 원래의 나이보다 천천히 늙게 되는 것이죠. 조금 더 적극적으로 관리를 하고 싶다면 평소에 셀프 마사지를 루틴화해 둔 후, 가끔씩 의료진과의 상담을 통해 적절한 안티에이징 시술을 받거나 안티에이징 전용 화장품을 사용하는 것이 좋겠습니다.

마사지를 할 때 정확한 압력을 잘 모르겠어요.

A

마사지의 목적이 림프 순환인지 리프팅인지에 따라 압력을 다르게 해야 합니다. 림프 마사지의 경우 피부를 5mm 정도의 깊이만 눌러도 충분히 자극이 전달됩니다. 이마나 눈가의 피부는 더 얇아 5mm까지 눌리지 않을 겁니다. 그럼 3mm 정도만 누른다고 생각하세요. 이 정도의 약한 압력으로도 림프와 혈액 순환을 충분히 촉진시킬 수 있습니다. 하지만 근막과 근육을 자극하는 리프팅 마사지는 좀 더 깊이 눌러야 자극이 됩니다. 피부의 두께는 일정하지 않기 때문에 신체 부위별 압력은 모두 다릅니다.

마사지할 때 압력이 강하면 림프관과 모세혈관이 압박을 받아 림프액과 혈액의 흐름에 방해가 될 수도 있다는 말이 있는데 이것은 조금 과장된 표현입니다. 체액 흐름에 방해가 되는 경우는 압박이 장시간 가해질 때입니다. 예를 들어 꽉 끼는 스키니진을 장시간 입거나, 타이트한 코르셋이나 브래지어를 오래 착용하고 있을 경우 압박받은 부위의 체액 흐름이 원활하지 않을 수 있습니다. 하지만 단시간 가해지는 마사지의 압력은 전혀 문제가 되지 않고 체액의 흐름을 원활히 해줍니다.

단, 멍이 들 정도의 강한 마사지는 피해야 합니다. 멍은 모세혈관이 터져서 퍼렇게 보이는 것이에요. 터진 모세혈관이 회복되는 데는 2주 정도의 시간이 걸립니다. 모세혈관이 터질 정도로 마사지를 하면 옆에 있는 림프관도 당연히 영향을 받습니다. 실제 전문 피부 관리숍의 윤곽 관리를 받아보면 피부 속 깊은 근육까지 마사지하기 때문에 조금 아프다고 느낄 수 있습니다. 관리사가 고객의 얼굴과 신체에 가하는 압력은 손의 힘이 아닌 신체의 반동입니다. 손은 매개체일 뿐이에요. 또한 앉아서 마사지할 때보다 일어서서 상대의 얼굴을 마사지할 때 더 큰 힘이 전달되는데 관리사는 서서 신체의 반동을 이용할 수 있기에 강한 힘을 줄 수 있습니다. 때문에 피부 관리숍의 강도 높은 마사지는 일주일에 한 번이면 충분하며 담당 관리사가 추천하지 않을 경우 셀프 마사지를 추가로 할 필요는 없습니다. 셀프로 마사지를 할 때는 신체 구조상 반동을 가할 수 없고, 오롯이 팔과 손의 힘으로만 마사지하게 됩니다. 때문에 욕심을 내어 너무 강하게 마사지하면 손에 관절염이 올 수 있고, 어깨가 긴장되어 승모근이 피로해집니다. 손에 무리가 가지 않을 정도로 적당한 힘을 가해 꾸준히 마사지하는 것이 가장 좋습니다.

시술 후에도 마사지를 할 수 있나요?

A

피부과 시술의 종류는 매우 다양합니다. 표피와 진피의 미백, 타이트닝을 돕는 레이저, 진피에 약물을 주입하여 재생을 돕는 스킨 부스터, 근육을 마비시켜 주름을 옅게 만드는 보톡스 등 다양한 종류의 시술이 있으며 주의 사항과 회복 기간 역시 시술에 따라 천차만별입니다. 때문에 시술을 담당한 의료진이 권장하는 회복 기간을 지키는 것이 가장 정확하고 안전합니다. 하물며 성형수술은 더욱 충분한 회복 기간이 필요하겠죠? 절개한 피부의 봉합과 삽입한 보형물의 안착 등을 고려할 때 권고받은 회복 기간 동안 피부 마찰을 주의해야 하며 회복 후에도 스스로 판단하지 않고 의료진과의 상담 후 마사지 가능 여부를 판단하는 것을 추천합니다.

Q **마사지 효과의 지속성이 궁금합니다.**

A 일부 피부 관리숍에서는 10회 또는 20회 정도 관리를 받으면 안티에이징이나 리프팅의 효과가 몇 개월 이상 지속된다는 식으로 광고를 하기도 하는데, 이는 과장된 표현입니다. 마사지를 운동에 비유해 볼게요. 고강도의 운동을 10~20회 하면 이후 운동을 하지 않아도 몸매가 그대로 유지될 수 있나요? 식이요법과 주기적인 운동을 꾸준히 지속해야만 감량한 체중을 유지할 수 있죠. 마사지도 마찬가지입니다. 마사지는 성형도 시술도 아닙니다. 마사지를 얼마만큼 하면 얼마만큼의 효과를 유지할 수 있다고 장담하기는 어렵습니다. 단, 마사지를 지속적으로 하면 마사지의 효과도 지속되고, 마사지를 멈추면 다시 자신의 노화 속도에 맞게 노화가 진행될 뿐입니다.

마사지는 제가 가장 좋아하는 취미이자 가장 잘할 수 있는 것이었어요. 좋아하는 것을 공유하고 싶어 유튜브 채널을 개설해 영상으로 공유한 것뿐인데 많은 사랑을 받게 되었습니다. 나아가 이렇게 책 출간까지 하게 되다니, 마사지가 제게 참 많은 행운을 안겨준다는 생각이 듭니다. 요즘엔 유튜브 댓글을 보는 게 또 하나의 취미가 되었습니다. 소중한 댓글을 볼 때마다 참 기분이 좋아요. "마사지를 꾸준히 했더니 자연스럽게 예뻐진 기분이에요." "요즘 인상이 좋아졌다는 얘기를 많이 들어요." "셀프 마사지라는 나를 아껴주는 소중한 취미가 생겨서 즐거워요." 제가 체험한 경험과 감정을 공유하는 것만으로도 즐거운데 직접 실천한 분들이 반응을 해주니 더욱 큰 희열이 느껴지더라고요.

반면, 마사지를 시작하기 전에 우려부터 하는 분들도 종종 있습니다. "영상처럼 피부를 잡아당기면 더 늘어지지 않나요?" "마사지를 하면 주름이 더 심해지는 거 아닌가요?" 이런 댓글을 볼 때마다 그동안 공부해온 이론을 기반으로 마사지의 원리와 효과에 대해 차근차근 설명해 드리며 오해를 풀었습니다. 그러면 몇 달 뒤에 구독자분들이 "반신반의하는 심정으로 시작했는데, 왜 이제서야 마사지를 하기 시작했는지 지난 세월이 너무 아까워요!"라는 피드백을 주기도 했답니다.

다양한 피드백 덕분에 저 역시 계속 성장하고 있음을 느낍니다. 많은 분이 믿고 따라주는 만큼 책임감을 갖고 양질의 콘텐츠를 개발하고자 노력하고 있습니다. 좋아하는 콘텐츠를 꾸준히 이어가고 발전할 수 있게 도와준 〈K호랑이〉 채널 구독자분들에게 감사의 인사를 전하고 싶습니다. 더불어 제 첫 책을 출간할 수 있도록 기회를 준 책밥 출판사에도 감사한 마음을 전합니다. 그동안 영상으로 보여드린 내용을 책에 보기 좋게 정리했으니 영상과 함께 본다면 큰 시너지를 낼 수 있을 것입니다. 부디 잘 활용해 주길 바랍니다.